前言

　　2016 年，我成为一名人民教师，刚开始我跟大多数人一样，只是把教师这份工作当作一种谋生手段；但当我带完一届学生后，可爱的孩子们让我彻底爱上了这份工作，我很享受教孩子们学习物理知识的过程。为了提高自己的专业水平，我开始潜心研究各种教学方法，并在我的课堂中实践。我发现有实验的课堂，孩子们都会听得更认真，学习效率得到了极大的提高。

　　从 2019 年起，我开始利用课余时间研究物理创新实验并运用到课堂之中。为了提高自己的上课质量，我常常会把自己的课用手机录下来观看。偶然一次我分享了一个视频到互联网上，原以为不会有什么人看，没想到在《雷神之铲》的视频发布后，我获得了 1 万订阅者；4 个月后我发布了第二个视频《仙气飘飘的物理课》，两天内竟然收获了超过 110 万的新增订阅者。我备受鼓舞，原来有这么多人喜欢我的物理课！从这以后，我开始花费更多的时间来研究物理实验，每成功一个我就会把它记录在电脑中。

2022 年暑假，我偶然看到了一则关于"牛顿躲避鼠疫"的故事，被牛顿钻研科学的精神所打动。于是我决定要在这期间做些什么，比如写一本有关实验的科普书籍。我打开了电脑里我一直用于记录创新物理实验的文件夹，发现经过 3 年的积累、研发，记录下来的物理实验已经超过 200 个。有了这些作为基础，我立刻开始了这本书的创作，历时半年顺利完成了本书的文字部分。

我的订阅者中有很大一部分是学生家长，在和他们交流的过程中，我了解到很多家长想在家陪孩子做科学实验，以培养孩子的动手能力和科学思维；但由于缺乏专业

上册

夏老师 神奇 物理实验

夏振东 编著

SPM 南方传媒

新世纪出版社
广东海燕电子音像出版社

·广州·

图书在版编目（CIP）数据

神奇物理实验. 上册 / 夏振东编著. — 广州：新世纪出版社，2023.6（2023.12重印）

ISBN 978-7-5583-3861-8

Ⅰ.①神… Ⅱ.①夏… Ⅲ.①物理学—实验—青少年读物 Ⅳ.①O4-33

中国国家版本馆 CIP 数据核字（2023）第 108816 号

出 版 人：陈少波
策划编辑：钟　菱
责任编辑：李梦琳　李　琳
责任校对：郭怡琳
责任印制：廖红琼
绘　　图：庄慧慧　叶丁铭　叶丁源
封面设计：奔流文化
内文设计：友间文化
特邀顾问：余　华

神奇物理实验　上册
SHENQI WULI SHIYAN SHANGCE

出版发行：新世纪出版社
　　　　　　（广州市大沙头四马路 10 号）
　　　　　　广东海燕电子音像出版社
　　　　　　（广州市天河区花城大道 6 号名门大厦豪名阁 25 楼）
经　　销：广东新华发行集团
印　　刷：咸宁市国宾印务有限公司
　　　　　　（咸宁市高新长江工业园内B幢1层）
规　　格：787 mm×1092 mm
开　　本：16
印　　张：10
字　　数：160 千字
版　　次：2023 年 6 月第 1 版
印　　次：2023 年 12 月第 3 次印刷
书　　号：ISBN 978-7-5583-3861-8
全套定价：98.00 元（全 2 册）

如发现印装质量问题，请直接与印刷厂联系调换。
质量监督电话：（020）38299245　购书咨询电话：（020）38896147

知识，他们不知道该带孩子做哪些实验，更不知道具体该怎么做实验，为此常常感到心有余而力不足。为了解决孩子在小学、初中阶段在家"做什么实验，怎么做实验"的问题，我从记录的 200 多个实验中，精心挑选出了 63 个有趣的实验，涵盖了声学、光学、热学、力学、电磁学等物理学的主要领域。其中，有可以当作生活小妙招的实验，如 1 秒辨别坏鸡蛋、野外污水净化、火灾中为什么要匍匐前进、"彩虹"饮料；还有可以让孩子心跳加速的实验，如反冲"水导弹"、火烧气球、人体电路；更有锻炼动手能力的物理小制作，如纸杯电话、黄瓜平衡术、拉线飞轮；甚至还有可以上台表演的物理魔术实验，如用意念变弯勺子、隔空控物、听话的纸盒。每天一个物理小实验，两个月的时间，孩子就可以掌握初中物理绝大部分的重点知识。

将本书作为科学的课外补充读物，相信更能激发孩子对物理学的热情，并拓宽孩子的科学视野。

本书的宗旨是"手把手"教孩子做物理实验。每个实验的方法和过程都写得极为详细。为了展现更为真实的实验现象，我把自己的一个房间改造成了摄影棚，亲自操刀为每一个实验拍摄照片和小视频。因为教学工作繁重，我只能利用周末和晚上的时间拍摄，常常会工作到凌晨一两点。不过想到即将能带着千千万万的家长和孩子一起做物理实验，我就充满了干劲。

　　不多说了，快跟着夏老师一起进入有趣的物理世界吧！

夏振东

2023 年立夏

目 录

第二章 光

第三章
牛顿定律
和平衡术

第四章
摩擦力

第五章
压强

第一课 会跳舞的小盐粒

夏老师

我们每天都会听到各种各样的声音，但如果有人问：你能"看见"声音吗？你的答案一定是否定的。但事实是：能！这次实验将带你体验看得到的声音！

对应知识 声音的产生；声音能传递能量。

一、实验准备

⚠️ 建议家长协同完成，注意安全使用剪刀。

1个大玻璃碗
（直径 25～30 厘米）

1个黑色塑料袋

1包盐

1卷透明胶带

1把剪刀

二、实验过程 ▮▮▮

扫码观看夏老师的实验教学视频

1
从黑色塑料袋上剪出一块大于碗口面积的塑料片。

2
把剪下来的黑色塑料片覆盖在玻璃碗口。

3
用透明胶带把黑色塑料片的边缘固定好，让覆盖碗口的塑料片处于紧绷状态，形成一面无褶皱的、平整的塑料薄膜。

4
在塑料薄膜上撒上盐粒。

5
对着碗壁大声呼叫。

三、实验现象

在忽高忽低的声音的作用下，塑料薄膜上的小盐粒似乎都被赋予了生命，竟然跟着声音跳动了起来。呼叫的声音越大，盐粒跳得越高！看起来就好像盐粒在欢快地跳舞一样。

扫描前面的二维码也可以观看实验现象哦！

四、现象解释

我们发出的声音引起玻璃碗内的空气振动，接着空气带动塑料薄膜振动，于是小盐粒也跟着塑料薄膜一起振动了。

知识小贴士

1. 声音由物体振动产生。我们说话的声音就是通过声带振动发出的。
2. 声音具有能量。我们可以利用空气等介质传递声音的能量。

用超声波清洗眼镜

去眼镜店清洗眼镜时，工作人员一般会把眼镜放入一个清洗盒中，只需一两分钟，眼镜就清洗干净了。这个清洗盒就是利用超声波来清洗眼镜的。

海豚是如何定位的

众所周知，海豚是一种非常聪明的生物，它们可以靠声波来进行定位和交流。那它们是怎么做到的呢？

原来，海豚是用鼻腔肌肉振动发声的。它们可以发出强烈的超声波，用于辅助定位和追踪猎物。同时，海豚的瓜状体和下颌中都储存有脂肪。瓜状体能够将发出的超声波汇聚放大，像一个"声学放大镜"；而下颌的脂肪能够吸收并传播反射波。声波刺激脂肪后面的中耳，耳蜗通过听神经将信号发送到大脑皮层，被超声波所击中的物体得以被识别。因此可以说，海豚是靠声波、用听觉来"看世界"的。

这说明声音需要由物体的振动产生，而且传播的介质可以是水等不同的物质，不一定是空气。

第二课 纸杯电话

夏老师

手机、电话已经成为人们生活中不可或缺的重要工具,那你知道最早的电话长什么样子吗?跟着夏老师一起来制作一个现代电话的原型——纸杯电话吧!

对应知识 声音的产生与传播。

一、实验准备

⚠ 建议家长协同完成,注意安全使用剪刀。

2 个纸杯

2 根牙签

1 把剪刀

1 根棉线
(长 30~50 米)

1 个小伙伴

二、实验过程 ||||

扫码观看夏老师的实验教学视频

1 用剪刀在两个纸杯底部的中心各开一个小孔。

2 取一根 30~50 米的棉线,把棉线两头由外向里分别穿过两个纸杯底部的小孔,并捆绑在牙签中央,以此固定在纸杯的内部。

3 找一块宽敞的空地,与你的小伙伴一起拉直棉线。

4 一人用纸杯紧紧盖住嘴巴,对着纸杯说话;另一个人用纸杯罩住耳朵。

三、实验现象 🧲

　　把棉线拉直后，一个人对着纸杯说话，另一个人可以通过纸杯清晰地听到对方发出的声音。如果棉线弯曲，或手指碰到棉线，那么就无法通过纸杯来通话了。

　　🔊 扫描前面的二维码也可以观看实验现象哦！

四、现象解释 🔬

　　当你对着纸杯说话，声音引起纸杯振动，这个振动再传递给棉线，于是你说话的声音就通过棉线的振动传递给了远处另一端小伙伴的纸杯，小伙伴就听到了你说的话。

知识小贴士 📎

1. 声音由物体振动产生。
2. 声音可以在固体、液体、气体中传播，我们把这些可以传播声音的物质叫作"介质"。一般来说，声音在固体中的传播效果比液体和气体更好。纸杯电话可以通过棉线传声，棉线属于固体，因此传声效果比空气好。即便是长达 100 米的棉线，仍然可以比较清晰地传递声音。

物理百科

地震中被埋困时如何向外求救

地震发生后，如果我们被埋在废墟下，这时大声呼救或是静静等待营救都很难让救援人员发现我们。当听到外面可能有人经过时，我们可以利用"固体传声效果优于空气传声"的特点，用硬物敲击墙壁或铁管，向外面发出求救信号。

磬为何不敲自鸣

唐朝时候，洛阳某寺一僧人房中挂着一只磬，它经常自鸣作响。僧人因此惊恐成疾，求医无治。他有一个朋友，是朝中管音乐的官员，闻讯特去看望僧人。这时正好听见寺里敲钟声，磬也作响。于是朋友对他说："你明天设盛宴招待，我将为你除去心疾。" 第二天酒足饭饱之后，只见朋友掏出怀中铁锉，在磬上锉磨了几处，磬就再也不作响了。僧人觉得很奇怪，问其所以然。朋友说："这只磬和寺里的钟有相同的固有频率，所以那边敲钟能引起磬的共鸣。"僧人恍然大悟，大喜，病也随着痊愈了。

无论是铜质还是石质的磬，只要稍稍锉去一点点，就能改变它的固有频率，它就不再和钟声共振鸣响。

第三课 自制吸管口哨

我们常常用吸管饮用饮料。不过这次我们将开发吸管的另一个功能：用吸管发声，让吸管变成一个拥有魔性声音的口哨。那怎样才能吹响吸管呢？快跟着夏老师一起做下面的实验吧！

对应知识 音调。

夏老师

一、实验准备

⚠️ 建议家长协同完成，注意安全使用剪刀。

1根软质吸管
（直径 3～6 毫米）

1把剪刀

二、实验过程 ||||

扫码观看夏老师的实验教学视频

1 将吸管的一端用手捏扁。

2 用剪刀把捏扁的一端两侧各剪一刀，剪成尖头，使吸管口能分成上下两瓣。

3 用嘴对吸管被剪成尖头的那一端持续不断地进行吹气。

4 边吹边用剪刀剪吸管的另一端，将吸管越剪越短。

5 如果没吹出声音，不要气馁，继续尝试一下，可以多换几根吸管重复以上操作。

三、实验现象

用力吹吸管，吸管竟然发出了声音。继续吹吸管，同时用剪刀一段一段将吸管剪短时，吸管发出的声音音调越来越高。吸管越短，音调越高，最后变成一个"吸管口哨"。

扫描前面的二维码也可以观看实验现象哦！

四、现象解释

吹普通吸管没有声音，是因为圆形吸管口结构比较稳定，吹气的时候不能引起它的振动。而当我们把吸管口用剪刀改造后，尖尖的、分为上下两瓣的吸管口是一个不稳定的结构，吹气时很容易引起它上下振动，再带动吸管内的空气振动，于是就发出了声音。

知识小贴士

1. 声音由物体振动产生。
2. 声音的高低叫作音调。
3. 音调的高低与物体振动的快慢有关。物体振动得越快，发出的音调就越高。

当我们用剪刀一段一段将吸管剪短时，吸管内空气柱也变短，导致空气振动速度加快了，所以声音的音调也就变高了。

男人与女人的声音有何不同

通常来说，男人声音会比女人的声音粗很多，这是为什么呢？这是因为男人与女人声带的长短粗细不一样。成年男子的声带长而宽，发出的声音音调低；成年女子的声带短而狭，发出的声音音调高。

弦与管的振动

古书中记载过两类确定音准的方式：以弦定律和以管定律。弦乐器发声是靠琴弦的振动而发出声音的，其振动频率取决于弦的长度、密度和张力等因素；管乐器发声则是由空气柱的振动产生的，其振动频率取决于空气柱的长短。

以弦定律和以管定律在历史上都有不可磨灭的身影。大约在春秋战国时期，人们就已经懂得了音调和弦长的定量关系，总结出了蜚声中外的"三分损益法"。1972 年，我国湖南长沙马王堆一号汉墓出土了公元前 150 年以前的一组律管。这是能发出高低不同的标准声音的 12 支竹管，其中最短的 10.2 厘米，最长的17.65 厘米，孔径约 0.65 厘米，管的下端皆书有"黄钟、大吕、应钟"等音律名称，这为我国古代以管定律提供了支撑。

第二章

光

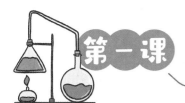

第一课 "隔山打牛"

夏老师

给你一个双层气球，你有办法在外层气球完好无损的情况下，将里层的气球弄破吗？听起来就很不可思议。接下来，夏老师将带你重现江湖上失传已久的功夫——"隔山打牛"！

对应知识 凸透镜；黑色的吸光性。

一、实验准备

1个透明气球

1个黑色气球

1个放大镜

1个打气筒

1个阳光明媚的中午

二、实验过程

扫码观看夏老师的实验教学视频

1 将黑色气球塞进透明气球中。

2 用打气筒先给透明气球打少量气。

3 再给黑色气球充气（透明气球会一起变大）。

4 将两个气球的充气口一起扎起来打个结。

5 将放大镜正对太阳，使太阳光聚焦在黑色气球上形成一个光点。

三、实验现象

当你用放大镜把太阳光聚在黑色气球上，只需几秒钟的时间，你就能听见"砰"的一声，黑色气球爆炸了！而外层的透明气球却完好无损。

扫描前面的二维码也可以观看实验现象哦！

四、现象解释

放大镜对光线有会聚作用，会聚起来的太阳光能量更集中。当光照射到透明气球上时，只有很少一部分光的能量被它吸收，而大部分光的能量会透过透明气球，照射到黑色气球上。黑色气球由于吸收了大部分光的能量，温度升高，最终导致爆炸。

知识小贴土

1. 放大镜是凸透镜，对光有会聚作用。
2. 不透明的物体所呈现的颜色是由它反射的光的颜色决定的。物体呈现黑色是因为它不反射任何颜色的光，而是将可见光全部吸收，因此人们说黑色吸光。

卖西瓜的老板为什么喜欢撑红伞

西瓜的瓤是红色的，当上面有把红伞时，太阳光照下来，红伞反射红色光，红色光照射到西瓜瓤上，会让其呈现的颜色更鲜红，让人觉得瓜更新鲜、更成熟。

"显微镜之父"列文虎克

17世纪时，荷兰人安东尼·菲利普斯·范·列文虎克（简称列文虎克）是第一个使用显微镜观察微生物的人。

他不仅发现了许多微生物，而且还发明了自己的显微镜。列文虎克痴迷于磨镜片，且天赋异禀，在巨大兴趣的驱使下，他经过不断的尝试，将显微镜的放大倍数提高到了300倍左右。他在一生当中磨制了超过500个镜片，并制造了400种以上的显微镜，其中有9种至今仍有人使用。

列文虎克的发现和发明极大地推动了微生物学的发展，也为"凸透镜对光有会聚作用"提供了更多证据。

第二课 会"拐弯"的光

我们的世界之所以五彩斑斓，是因为其中充满了各种各样的光。我们平时看到的光都是直的，那存在弯曲的光吗？这次的实验将带你见识会"拐弯"的光！

夏老师

对应知识 反射；全反射。

一、实验准备

建议家长协同完成，注意安全使用激光笔、热熔胶枪和剪刀。

1个透明的塑料瓶

1根塑料吸管
（直径5毫米左右）

1把热熔胶枪

1支激光笔

水

1个黑色塑料袋

1把剪刀

1卷透明胶带

1个盆子

二、实验过程 ||||

扫码观看夏老师
的实验教学视频

1
将塑料吸管
剪下一小段，长
度约 3 厘米。

2
用剪刀在透
明塑料瓶身的下
部剪一个吸管口
径大小的洞。

3
将吸管塞进这
个洞，塞进去的长
度约 1 厘米。

4
用热熔胶密
封吸管和瓶子之
间的缝隙。

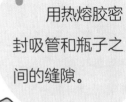

5 用透明胶带将黑色塑料袋裹住瓶身，吸管口要穿破塑料袋，同时在吸管对面的瓶身外侧的黑色塑料袋上剪出一个与吸管高度相当的小洞。

6 先用手堵住吸管口，往瓶子里灌满水后，盖上瓶盖。

7 将瓶子垫高放置，再将盆子放在瓶子粘了吸管那一侧的正前方，确保吸管流出的水能被盆子接住。

9 打开瓶盖，让瓶子里的水流出来。

8 将房间的灯光调暗，打开激光笔，将激光笔贴着黑色塑料袋的洞口，从瓶子的一侧照射向吸管，使激光光束从吸管处射出。

三、实验现象

激光笔射出来的光本来是直的，但当打开瓶盖水流出来后，却看到光沿着弯曲的水流"流泻"下来。原来，光真的会"拐弯"！

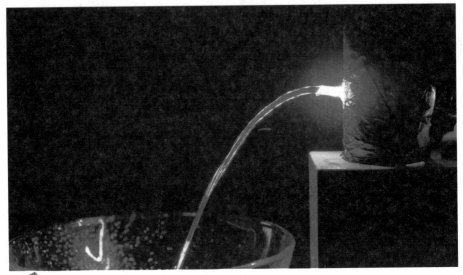

扫描前面的二维码也可以观看实验现象哦！

四、现象解释

激光在水形成的通道中不断发生全反射，整体看起来就像是光"拐弯"了一样。

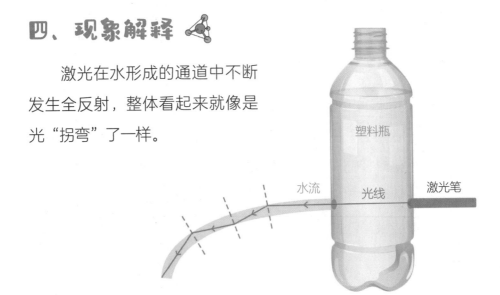

塑料瓶

水流　光线　激光笔

知识小贴士

光的全反射现象：当光从水中斜射入空气中的角度满足一定条件时，光将不再发生折射现象，而是像照射到镜子上一样，全部反射回水中。

光纤宽带的应用

光纤宽带被广泛使用在通信技术里。比如家里的宽带网络就是利用光纤进行数据传输的。它的特点是传输容量大、传输质量好、速度快、损耗小、成本低廉等。

布满镜子的宫殿

法国路易十四国王的王宫中有一件"镇宫之宝"，它以17面由483块镜片组成的落地镜而得名"镜厅"，是法国凡尔赛宫最奢华、最辉煌的部分。

这些镜子不仅反射着金碧辉煌的穹顶壁画，而且对着视野极好的17扇拱形落地大窗，可以将凡尔赛宫后花园的美景尽收眼底，让人如同置身在室内花丛中。当时的镜厅是宫廷举行大型招待会和国王接见高级使团的场所。

这正是利用了光反射原理造就的杰作！

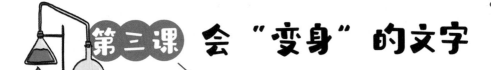

第三课 会"变身"的文字

夏老师

武侠片中经常会出现一些神奇的片段，比如一张无字天书，通过火烤或者泡水，真正的内容就会渐渐显示出来！这是怎么做到的呢？做完下面的实验你就能略知一二！

对应知识 全反射。

一、实验准备

1个透明自封袋

1张白纸

1个装满水的大烧杯

1支黑色记号笔

二、实验过程 ||||

扫码观看夏老师
的实验教学视频

1

将"魔术"二字拆解为四个部分，用记号笔分别在自封袋上写上"麻""木"（竖向排列），在白纸上写上"鬼""丶"（竖向排列）。注意要使白纸装进自封袋后，所写内容能组合出"魔术"二字。

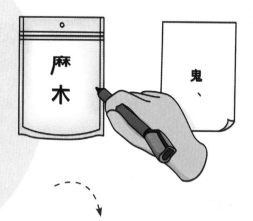

3 将自封袋缓慢放入水中。

2 将白纸放进自封袋中。

4 从水面的斜上方观察。

三、实验现象 🧲

自封袋在空气中时，肉眼看过去是"魔术"二字。可一旦放入水中，从水面斜上方看过去，自封袋上的字就变成了"麻木"！

📣 扫描前面的二维码也可以观看实验现象哦！

四、现象解释 🔬

由于自封袋中存在空气，白纸上的"鬼""丶"的光透过自封袋内的空气射向水中时，先发生了一次折射，改变了光线的传播路径，使得射向水面的入射角增大。于是光线再经过水射向空气时，就会发生全反射，折射光消失。

而自封袋表面的"麻""木"的光则直接从水中射向水面，只会发生一次折射，射入空气中。

因此，在同样的角度观察时，我们看不到自封袋内白纸上的字，但能看到自封袋上的字。

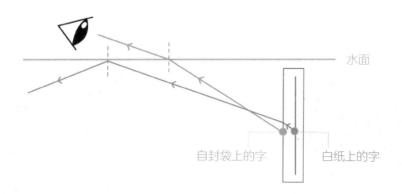

知识小贴士

　　光的全反射现象：当光从水中斜射入空气中的角度满足一定条件时，光将不再发生折射现象，而是像照射到镜子上一样，全部反射回水中。

利用了光学原理的雨刮器

有一种自动感应雨刮器采用了光学式传感器，能根据落在玻璃上的雨水量来调整雨刮器的动作。当玻璃表面干燥时，光线几乎是 100% 被反射回来（也就是全反射），这样光学传感器就能接收到很多的反射光线。玻璃上的雨水越多，反射到光学传感器的光线就越少，雨刮器刮雨的动作就越快。

认识纤维内窥镜

在我们的身体里，胃和肠道负责消化食物、吸收营养。由于人们饮食上的疏忽，它们偶尔会出现不适症状。可它们长在我们的身体内部，该怎么检查它们呢？这时候就轮到纤维内窥镜登场了。

纤维内窥镜是利用光导纤维与透镜组合来输送光线、传导图像的，具有柔软、灵活、可任意弯曲等优点。医生可以利用它来检查病人的胃肠道情况，比如当纤维内窥镜通过食道插入胃里时，光导纤维通过全反射将胃里的图像传送出来，医生就可以窥见胃里的情况，进而进行诊断和治疗。此外，还有专门的血管内窥镜，有利于医生观测血管内部情况，并进行血管手术。

第四课 分解阳光

夏老师

　　很早以前，人们认为白光是颜色最单纯的光，直到牛顿用三棱镜成功分解了太阳光后，人们才意识到之前的想法是错误的！三棱镜分解太阳光的实验，也被众多物理学家誉为历史上最美的实验之一。

对应知识 光的折射；光的色散。

一、实验准备

1 个三棱镜

1 面镜子

1 张 A4 纸

1 个装了水的盆子

1 个阳光明媚的中午

二、实验过程 ||||

扫码观看夏老师的实验教学视频

1 在户外的地上铺上 A4 纸。

2 将三棱镜放在阳光下。

3 使阳光透过三棱镜投射在纸上。

进阶版实验：

如果没有三棱镜又想分解阳光怎么办？没关系，我们利用水和镜子也能分解阳光！

1 在阳光下，把镜子倾斜放入装了水的盆中。

2 尝试改变镜子的倾斜角度，让反射的阳光落在 A4 纸上。

三、实验现象

白色的太阳光通过三棱镜后，被分解成红、橙、黄、绿、蓝、靛、紫七种颜色的光，一抹漂亮的彩虹就在纸上诞生啦！

扫描前面的二维码也可以观看实验现象哦！

四、现象解释

由于同一种介质对各种单色光的折射率不同，白色光通过三棱镜会将各单色光分开，形成红、橙、黄、绿、蓝、靛、紫七种色光，这个现象叫作光的色散。

知识小贴士

1. 白光是由各种单色光组成的复色光。

2. 光的三基色：红、绿、蓝。自然界中红、绿、蓝三种颜色无法用其他颜色混合而成，而其他颜色则可以通过红光、绿光、蓝光的适当混合而得到。

3. 光的折射：光从一种介质斜射入另一种介质时，传播方向发生偏折的现象。

4. 当不同色光以相同的入射角射到三棱镜上，红光发生的偏折最小，紫光的偏折量最大。

 物理百科

显示屏的颜色是怎么形成的

我们看到的电视机和电脑显示屏里的各类颜色，其实都是由三基色红、绿、蓝按一定比例混合后得到的。等量的三基色同时相加为白色，白色属于无色系（黑白灰）中的一种。

阳光与彩虹

在我们肉眼看来，光是白茫茫而耀眼的，无法分辨出有什么颜色。而早在 1666 年，英国科学家牛顿就通过一个实验，发现了光是由七种颜色混合而成的。

牛顿在一间暗室里做实验，他让一束阳光从窗户上的窄缝射进来，并通过一个玻璃三棱镜，结果对面墙上映出了一条美丽的七色光带，依次是红、橙、黄、绿、蓝、靛、紫七种颜色，像极了雨过天晴时天空中出现的彩虹。同时，七色光束如果再通过三棱镜又能还原成白光。这条七色光带就是神奇的太阳光谱。

这个实验证明了光的色散现象，即光线经过同种介质时，不同波长的光线因折射角度不同，产生了光谱分离的效果。

第五课 诡异的箭头

夏老师

你在用玻璃杯喝水时，有没有发现玻璃杯也是可以成像的？下面的实验将带你一起探索玻璃杯成像的奥秘。

对应知识 ▶ 凸透镜成像。

一、实验准备

1个装满水的
圆柱形透明瓶子

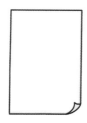

1张白纸

1支黑色记号笔

二、实验过程 ▮▮▮▮

扫码观看夏老师
的实验教学视频

1 往瓶子里装满水，盖上瓶盖。

2 在白纸上画一个向左的箭头，将白纸竖立。

4 然后将水瓶慢慢移动，渐渐远离白纸，透过水瓶观察箭头的变化。

3 先将水瓶贴着立在画有箭头的白纸前面。

三、实验现象 🧲

1. 当水瓶贴着箭头时，你会看到箭头被放大了。

2. 当水瓶渐渐远离箭头时，你会发现原本向左的箭头，变成了向右的箭头。

3. 如果将水瓶继续远离箭头，你会发现，箭头越变越小了。

 扫描前面的二维码也可以观看实验现象哦！

四、现象解释

装满水的水瓶相当于一个凸透镜。当水瓶贴着箭头时，物距小于 1 倍焦距，成正立、放大的虚像；当水瓶稍远一点时，箭头方向反了过来，是因为此时物距在 1 倍焦距和 2 倍焦距之间，成倒立、放大的实像；当水瓶继续拉远时，箭头不仅是反的而且还缩小了，这是因为此时物距大于 2 倍焦距，成倒立、缩小的实像。所以当水瓶和箭头之间的距离改变时，水瓶成像的性质也发生了改变。

知识小贴士

1. 凸透镜的形状特点：中间厚边缘薄。

2. 凸透镜成像规律：

   照相机成像的原理

   （1）当物距大于 2 倍焦距时，像距在 1 倍焦距和 2 倍焦距之间，成倒立、缩小的实像；

   （2）当物距等于 2 倍焦距时，像距等于物距，成倒立、等大的实像；

   投影仪成像的原理

   （3）当物距小于 2 倍焦距、大于 1 倍焦距时，像距大于 2 倍焦距，成倒立、放大的实像；

   （4）当物距等于 1 倍焦距时，不成像；

   （5）当物距小于 1 倍焦距时，成正立、放大的虚像。

   放大镜成像的原理

物理百科

照相机是如何成像的

照相机的镜头相当于一个凸透镜。拍照时，物体在两倍焦距以外，在感光元件上成一个倒立缩小的实像。物体靠近时，像距越来越远，成像越来越大。

中国古代光学家——墨子

诸子百家中的墨家代表人物——墨子，不仅是位思想家，还是第一位进行光学实验并对几何光学进行系统研究的科学家。

2000 多年前的一天，墨子带弟子做了世界上第一个小孔成像实验。他们在一间黑暗小屋朝阳的墙上开了一个小孔，人站在小屋外合适的位置，发现小屋里小孔对面的墙上出现了一个倒立的人影。由此，墨子推断出光波沿直线运动的定律。他和弟子做光学实验得出的结论与近代的光学研究成果基本相符，这不得不令人称绝。

除小孔成像外，墨子的光学研究成果还有光学八条等。2000 多年后，世人为纪念这位光学先驱，将世界上首颗量子科学实验卫星命名为"墨子号"，并于 2016 年 8 月 16 日成功发射升空。

第六课 "银蛋"是怎样炼成的

夏老师

鸡蛋看起来平平无奇，但实际上含有丰富的营养成分，能帮助我们健康成长，因此深得大家的喜爱！我们这次的实验就要用一枚熟鸡蛋来进行它的神奇"变装"——变为"银蛋"。快来试一试吧！

对应知识 全反射。

一、实验准备

 建议家长协同完成，注意用火安全。

1个装有水的
透明玻璃杯

1枚熟鸡蛋

1根蜡烛

1个打火机

1个厨房
防烫夹

二、实验过程 ⅠⅠⅠⅠ

扫码观看夏老师
的实验教学视频

1 点燃蜡烛，立于桌面。

2 用防烫夹夹起鸡蛋，在蜡焰上均匀熏黑（注意不要定点加热，要均匀地变换鸡蛋的方向）。

3 当整枚鸡蛋外表都变黑时，将鸡蛋放入装有水的玻璃杯中。

三、实验现象

投入水中的鸡蛋看起来就像外面裹着一层银色外衣，普通鸡蛋"变身"成为"银蛋"！

扫描前面的二维码也可以观看实验现象哦！

四、现象解释

蜡烛燃烧会生成碳，鸡蛋在火焰上熏烤的过程中，蜡烛燃烧生成的碳会附着在鸡蛋表面。将鸡蛋投入水中时，会带入一些空气，而鸡蛋表面细小的碳颗粒层具有疏水性，因此会在鸡蛋表面形成一层空气膜，也就是说水和鸡蛋之间夹了一层空气。光通过水进入鸡蛋表面的空气层时发生了全反射，所以鸡蛋表面变得像镜面一样，看起来就像一个"银蛋"！

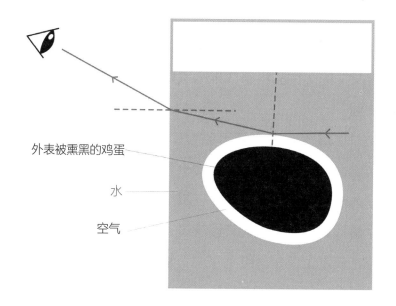

外表被熏黑的鸡蛋

水

空气

知识小贴士

光的全反射现象：当光从水中斜射入空气中的角度满足一定条件时，光将不再发生折射现象，而是像照射到镜子上一样，全部反射回水中。

物理百科

在水下看水面是什么样的

游泳时，在水面下睁开眼睛仰望水面，可以观察到全内反射现象。如果水是平静的，在水下看到的水面就像水银一样反着光。

"光纤之父"高锟

相比起其他"高高在上"的诺贝尔物理学奖得主，被称为"光纤之父"的高锟的科研成果则是真正走进了千家万户，改变了我们的生活。

高锟 1933 年出生于江苏省金山县（今上海市金山区），从小就对科学很有兴趣，家中的三楼一直是他童年的实验室。高锟读博士时进入国际电话电报公司，在其英国子公司当工程师，对通信行业的了解很深。那时候他就设想过，用光纤来实现通讯。这在当时，无论从技术上还是思维上来说，都是石破天惊的。最终，他通过精密计算解决了光如何在光导纤维中进行远距离传输的问题，这项突破性成果最终促使了光纤通信系统的问世。也正是有了光纤通信，才有了如今我们方便快捷的互联网。

第三章

牛顿定律和平衡术

第一课 反冲"水导弹"

夏老师

导弹是现代高科技的结晶和化身，经常出现在各类军事活动中，速度极快、威力巨大。那导弹的发射原理是什么呢？做完下面的实验你不仅可以了解导弹的发射原理，还能亲手做出一个"水导弹"！

对应知识 沸腾；相互作用力；密度。

一、实验准备

此实验应在家长或老师的协同和指导下完成。

200 毫升丁烷液（可以上网购买）

1个装有半瓶水的塑料瓶

1个空塑料瓶

1个小漏斗

1把尖嘴钳

1位家长或老师

二、实验过程 ||||

扫码观看夏老师的实验教学视频

1 选择一个空旷的地方。

2 把尖嘴钳架在空塑料瓶口。

3 将丁烷液罐的喷嘴倒置在尖嘴钳上。

4 尖嘴钳捏住喷嘴，同时将丁烷液罐向下按压，放出丁烷液体。

5 利用小漏斗将丁烷液缓慢倒进装有半瓶水的塑料瓶里。

6 将装有水和丁烷液的塑料瓶快速倒置。

三、实验现象

丁烷液体被倒入空塑料瓶后会开始沸腾，并且会散发寒气；再把丁烷液体倒入装有水的塑料瓶后，丁烷剧烈沸腾；最后在把装有水和丁烷液体的塑料瓶倒置的瞬间，瓶子会像导弹一样迅速冲向天空。

📢 扫描前面的二维码也可以观看实验现象哦！

四、现象解释

丁烷液体的沸点为 −0.5 摄氏度，将丁烷液体倒入常温的水中后，巨大的温差让丁烷液体迅速沸腾。倒置塑料瓶后，水往下沉，堵住了瓶口；而丁烷液体密度比水低，所以会往上浮。由于丁烷汽化得非常快，瓶内压强短时间内会急剧升高，使液体向下喷出。力的作用是相互的，丁烷气体对液体施加了向下的力，也会受到液体向上的反作用力，于是带着塑料瓶像导弹一样"发射"了出去。

知识小贴士

1. 力的作用是相互的。
2. 沸腾是剧烈的汽化现象。
3. 沸点：液体沸腾时的温度。不同液体沸点一般不同。
4. 相对密度高的液体会往下运动，相对密度低的液体会向上运动。

 物理百科

鸳鸯火锅为什么总是红油锅先沸腾

被加热的液体在沸腾前会有一段升温的过程。对于清汤锅而言，表面的水分不断蒸发，因此会散失一部分热量；而对于红油锅而言，密度较小的油浮在上层，阻挡了水分的蒸发，因此起到了保温作用。

瓦特和茶壶

大发明家瓦特改良蒸汽机，从而引起了 18 世纪的工业革命，促进了人类社会的发展。

然而，这一伟大之举竟然与小小的茶壶有关。据说，瓦特小时候有一次看到火炉上烧的水开了，蒸汽把水壶盖顶开，瓦特把壶盖放回去但很快又被顶开了。瓦特就这样不断地把壶盖放回去，蒸汽又不断地把壶盖顶开，他很想找出原因。

后来瓦特意识到这是蒸汽的力量，由此引发了他对蒸汽的兴趣并促成了蒸汽机的改良。

第二课 苹果会爬杆

夏老师

大家都知道牛顿和苹果的故事。正是从牛顿开始，苹果有了不一样的意义。下面这个神奇的力学实验也同样用到了苹果。

对应知识 惯性；牛顿第一定律；相对运动。

一、实验准备

1根筷子

1个苹果

1个橡皮锤
或其他可用于捶打的工具

二、实验过程 ▏▏▏▏

扫码观看夏老师的实验教学视频

实验1:

1 将筷子插进苹果。

2 把苹果和筷子倒转过来。

3 握住筷子的下端多次敲击桌面。

实验2:

1 将筷子插进苹果。

2 一只手拿着筷子的上端（露出一点）。

3 另一只手用橡皮锤多次向下锤打筷子的上端。

4 观察苹果的位置。

三、实验现象

实验1：在每一次敲击桌面之后苹果都会向下移动一小段距离。

实验2：从上往下敲击筷子，苹果不仅没有向下移动，反而在每次敲击之后一点一点向上移动。

📢 扫描前面的二维码也可以观看实验现象哦！

四、现象解释

实验1：握着筷子下端敲击桌面时，筷子和苹果一起向下运动。筷子撞击到桌面的瞬间，会立刻停止运动；但苹果由于惯性，会保持原来向下的运动状态，同时因为受摩擦力作用，所以会先向下运动一段距离后再停止。

实验2：握着筷子上端，筷子和苹果都处于静止状态。向下敲击筷子的瞬间，筷子向下运动；但苹果由于惯性，会保持原来静止的状态。而此时筷子已经向下运动了一段距离，所以苹果看起来就像是顺着筷子向上爬一样。

知识小贴士

1. 牛顿第一定律：一切物体在没有受到力的作用时，总保持静止状态或匀速直线运动状态。
2. 惯性：一切物体都有保持原来运动状态不变的性质。
3. 相对运动：物体的运动和静止取决于所选取的参照物，所以物体的运动和静止是相对的。

物理百科

坐车为什么要系好安全带

当汽车在紧急刹车、碰撞或急转弯时，驾乘人员由于惯性会继续向前运动，撞击到车内的物体，有时驾乘人员甚至会被巨大的惯性抛离座位或抛出车外。而安全带的作用就是在车辆发生碰撞或紧急刹车时，将驾乘人员牢牢地拴在座椅上，防止发生二次碰撞，避免驾乘人员受伤或减轻受伤的程度。

"刻舟求剑"为什么不成功

相信大家都听过《刻舟求剑》的故事：战国时期一个楚国人在渡江时不小心掉落了宝剑，于是他立刻在船上刻下记号，标记下宝剑落水的地方；等船靠岸后，他从船上刻有记号的地方跳入水中寻找宝剑，结果一无所获。

楚国人认为宝剑一直在船的记号下方的水底，其实他不知道的是他选错了参照物。楚国人佩带宝剑上船，船开动后，他以船为参照物，人与剑都是静止的。剑掉落后，船继续前进，剑却依然在水底没有移动。这时，若再以船为参照物，剑是发生了相对运动的，他自然也就找不到宝剑了。

第三课 巧辨生熟鸡蛋

夏老师

给你两枚长得差不多的鸡蛋，你能在不破坏鸡蛋的情况下辨别出哪个是生鸡蛋，哪个是熟鸡蛋吗？

对应知识 惯性。

一、实验准备

1枚生鸡蛋

1枚熟鸡蛋

二、实验过程 ⫿⫿⫿⫿

扫码观看夏老师
的实验教学视频

1 找一个比较光滑的水平桌面。

2 用同一只手使大致相同的力，先后快速将两枚鸡蛋旋转起来。

3 然后用手同时短暂地按住两枚鸡蛋并立刻松手。

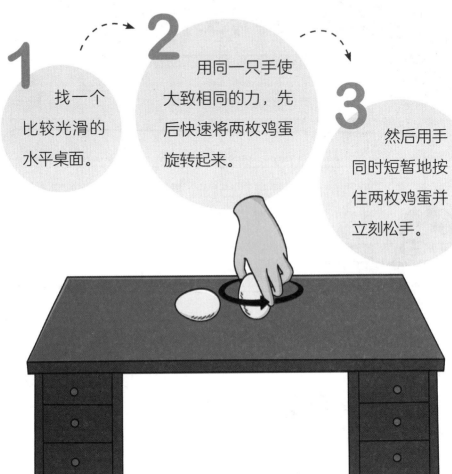

三、实验现象 🧲

用手同时按住两枚鸡蛋并松手后，其中一枚鸡蛋立刻就停了下来，而另一枚鸡蛋在松手后仍然会继续旋转一段时间。

扫描前面的二维码也可以观看实验现象哦！

四、现象解释

生鸡蛋内部的蛋白和蛋黄都为液体，鸡蛋在旋转时，其内部蛋液与蛋壳一起旋转，当手按住生鸡蛋后，蛋壳停止运动，但蛋液由于具有惯性，不能立即停止，因此手松开后蛋液带着蛋壳再次旋转了起来。

而熟鸡蛋里的蛋白和蛋黄已经凝固，与蛋壳形成一个实心整体，按住蛋壳时，蛋白、蛋黄和蛋壳一起停止运动，所以熟鸡蛋立刻停止了旋转。

知识小贴士

1. 牛顿第一定律：一切物体在没有受到力的作用时，总保持静止状态或匀速直线运动状态。
2. 惯性：一切物体都有保持原来运动状态不变的性质。

车辆超载有什么危害

车辆在高速行驶时紧急刹车，由于惯性不会马上停下来，而是会滑行一段距离后才能完全停下来。如果车辆超载，总质量过大，导致惯性过大，运动状态更难改变，车辆需要更长的刹车距离才能停下来，从而容易引发交通事故。

费曼的"快速货车"玩具

著名的物理学家费曼，小时候玩过一种叫"快速货车"的玩具。它是一辆小货车，小孩可以拉着它走。

有一天，费曼在车斗上放了一个球，当拉它向前时，他注意到车斗上的球有点奇怪，他跑去找父亲："嘿，爸爸，我注意到一件事。当我拉着车向前时，车斗上的球会滚向后面；但如果我正拉着它走，忽然停下来，球就会滚到车斗的前面，这是为什么？"

父亲回答说："这是个神秘的现象，没有人知道为什么。一个基本原理是正在前进的东西会倾向持续前进下去，而静止的东西会想要继续停在那里，除非你用力拉它。这种倾向称为'惯性'。"

父亲短短的回答，引发了小费曼对一个现象的深入思考。父亲不是只扔给费曼一个物理概念，而是让小费曼明白了"知道东西的名字"和"真正理解东西"之间的区别。

第四课　黄瓜平衡术

　　电视里的平衡大师总是可以平衡各种各样的东西，他们的双手就像可以操纵物体重力一样，不管多难平衡的东西，在他们手里都可以奇迹般地保持平衡。下面这个实验也可以让你成为平衡高手！

对应知识 重心；平衡力。

一、实验准备

⚠ 建议家长协同完成，注意安全使用刀具。

1盒牙签

1根黄瓜
或1个苹果、土豆

1把小刀

1位家长或老师

二、实验过程

扫码观看夏老师的实验教学视频

1 由家长将黄瓜切成 3 个小方块和 1 个大底座。

2 取出 4 根牙签分别插入小方块和大底座中，其中一根穿过小方块露出一小部分。

3 对于没被牙签穿透的 2 个小方块，将其牙签另一端再分别插入第三个小方块露出了一小部分牙签的那面，使 3 个小方块连接成三角状。

4 最后将大底座的牙签尖端和小方块露出一小部分牙签的尖端放在一起，寻找平衡点。

三、实验现象

把 2 个牙签尖端放在一起后，3 个黄瓜小方块都可以稳稳地停在上面，而不掉下来。如果你技术够精湛，甚至可以用手轻轻推动，让它们在牙签尖端上旋转。

 扫描前面的二维码也可以观看实验现象哦！

四、现象解释

3 个黄瓜小方块平衡时，它们的重力和下方牙签对它们的支撑力为一对平衡力。

正是因为有两侧较低黄瓜小方块的存在，让 3 个小方块组成的整体重心变低了很多。假如把两侧的小方块去掉，只留下中间的小方块，我们是很难让剩下的那块黄瓜保持平衡的。这是因为当重心较低时，物体更容易保持稳定的状态。

知识小贴士

1. 物体各部分都要受到重力作用，重力的等效作用点称为重心。
2. 平衡力：物体受到几个力作用时，如果保持静止或匀速直线运动状态，我们就说这几个力相互平衡。
3. 二力平衡条件：作用在同一物体上的两个力，大小相等、方向相反，并且在同一条直线上。
4. 降低重心可以让物体变得更稳定。

物理百科

赛车车身为什么都非常矮

赛车的车身都设计得非常矮，驾驶员坐上去的感觉像是几乎快坐到了地上。这是因为赛车速度特别快，通过降低重心，可以提升赛车加速、转弯时的行驶稳定性，降低转弯时侧滑、翻车的风险。

击不倒的不倒翁

相信大家都见过身体圆滚滚的不倒翁，无论从哪个方向给它施力，它都只会摇摇晃晃而不会倒下，仿佛一位击不倒的拳击手。

原来，不倒翁是上轻下重的结构：不倒翁上半身为空心壳体，质量很轻；下半身是一个实心的半球体，质量较大。所以整个不倒翁的重心在下半身，重心非常低。当用手拨动不倒翁，不倒翁向一边倾斜，它的重心升高。松手后，根据最小势能原理，此时不倒翁是不稳定的，它总要回到势能最小的时候，即回到它的初始平衡位置。

所以一般来说，上轻下重的物体比较稳定，也就是重心越低越稳定。这便是不倒翁不会倒下的秘诀。

第五课 "反重力"纸条

如果上一个实验你成功了的话，那么恭喜你成了平衡高手！而下面这个实验可以让你进阶为平衡大师！

夏老师

对应知识 重心；平衡力。

一、实验准备

1张 A4 纸

1枚一元硬币
或游戏币

扫码观看夏老师的实验教学视频

1 用 A4 纸包住一枚一元硬币，并将纸折成长条。

2 先将硬币放在纸条的中间位置。

3 尝试用一根手指支撑整个纸条。

4 再将纸条里面的硬币移至纸条的一端。

5 用手指捏住有硬币的一端，找到平衡点后再尝试用一根手指支撑整个纸条。

三、实验现象

第一次用手指支撑在纸条中间位置，可以让纸条保持平衡。

第二次把硬币移到纸条一端后，手指支撑在硬币附近也可以让纸条保持平衡，让这个纸条看起来就像是"违背"了重力规律。你甚至可以用手拨动它另一端，让它在你的手指上缓慢旋转。

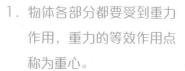
扫描前面的二维码也可以观看实验现象哦！

四、现象解释

想要让物体平衡就必须让支持力和重力方向相反且在同一条直线上。

纸条第一次平衡时，由于硬币在纸条中间，纸条和硬币构成的整体重心也在中间，这时候只要手指支撑住中间，就可以让整个纸条保持平衡。纸条第二次平衡时，由于硬币在纸条一侧，纸条和硬币的整体重心也偏向一侧，此时手指支撑的位置就是新的重心位置，于是纸条再次保持平衡。

知识小贴士

1. 物体各部分都要受到重力作用，重力的等效作用点称为重心。

2. 重心位置：形状规则、质地均匀的物体重心在它的几何中心上。

3. 平衡力：物体受到几个力作用时，如果保持静止或匀速直线运动状态，我们就说这几个力相互平衡。

4. 二力平衡条件：作用在同一物体上的两个力，大小相等、方向相反，并且在同一条直线上。

物理百科

举重运动员与杠铃

举重运动员把杠铃从地上举起要克服很大的重力，当把杠铃举在头顶稳定住时，运动员的手对杠铃形成的支持力等于杠铃的重力，达到了力的平衡。

高空走钢丝为什么要拿长杆

高空走钢丝表演成功的法宝是什么？人们可能会说是表演者的心态和风向等因素。但从客观因素来说，表演者手里的杆子才是最重要的。

重心是影响物体稳度的重要因素。在表演走钢丝时，表演者需要让重心作用沿着垂直方向通过钢丝，此时人的重力与人所受支持力是一对平衡力。走钢丝的表演者手中拿着长长的杆子，当重心偏移时可以靠调整杆子在身体两侧的长度来恢复平衡，这根杆子实际上起着"延长手臂"的作用，尤其是当有风从侧面吹来时，走钢丝的表演者很容易失去平衡，这时就更需要利用长杆来调整重心，保持平衡。

可以说，这根长长的杆子是高空走钢丝表演成功的法宝。

第六课 用意念变弯勺子

夏老师

科幻电影中有很多角色拥有超能力，让人羡慕不已。下面这个实验将把科幻片中的超能力搬进现实！而你将成为新的"超能力"拥有者！

对应知识 力的作用效果；相对运动。

一、实验准备

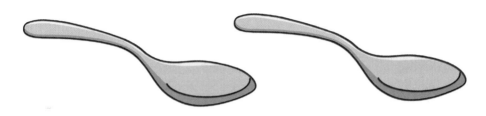

2个金属勺子或叉子
（不可太硬，能用手掰弯为宜）

二、实验过程 ||||

扫码观看夏老师的实验教学视频

1 将一个金属勺子提前掰弯一点点。

2 将勺子放置于手掌中，手掌微微向上弯，托住勺子。

3 用另一只手的食指固定住勺子中部。

4 托住勺子的手掌缓慢地向下放平。

5 与另一个勺子放在一起作对比。

三、实验现象

原本靠在手掌上的勺子（或叉子），听着你"起来"的口令，握柄部分竟然一点一点地"翘"了起来！与另一个勺子（或叉子）放在一起，发现手掌上的勺子（或叉子）确实变弯了。

扫描前面的二维码也可以观看实验现象哦！

四、现象解释

物体发生形变是因为受到力的作用，勺子之所以发生形变是因为提前被用力掰弯了。而这个魔术实验的精髓在于巧妙运用了另一个物理知识——相对运动。我们之所以认为勺子在缓慢地向上翘起，是因为我们会下意识将手掌作为参照物，实际上勺子并没有翘起，只是我们的手掌在向下运动。

知识小贴士

1. 力的作用效果：力可以改变物体的形状，也可以改变物体的运动状态。
2. 相对运动：物体的运动和静止是相对的。

跑步机上的相对运动

在跑步机上跑步时，跑带以一定的速度滚动，跑者相对于跑步机的皮带来说，是在向前运动的；但相对地面而言，跑者在前后方向和左右方向上都是相对静止的。

跟着我们走的月亮

夜晚我们走在路上，会看到月亮好像跟着我们走，我们停下来，月亮也不动了。这是为什么呢？

其实，月亮是不会跟着人走的。我们产生这种错觉，一是因为月亮离我们太远了。我们在地球上移动的距离，对于几十万公里外的月亮来说，简直和没动一样，相当于人和月亮的相对位置几乎没有变化。二是因为相对运动产生的错觉。我们在看月亮时，会注意到两边的树木和建筑物在相对月亮往后运动，从而产生月亮跟着我们一起运动的错觉。

不只是月亮，其实我们行走时看远处的高山或高楼，也能发现它们仿佛在和我们一起行走。

第四章

摩擦力

第一课 筷子提米

给你一根筷子，你能用这根筷子把一个装满米的杯子悬空提起 10 秒吗？开动你的脑筋想一想，试一试下面这个实验。

夏老师

对应知识 摩擦力；平衡力。

一、实验准备

1 个杯子

1 根筷子

大米

二、实验过程

扫码观看夏老师的实验教学视频

1 用杯子装满大米。

2 将一根筷子插入杯子深处。

3 用手将大米压实。

4 用手提起筷子。

三、实验现象

一根筷子把装满米的杯子稳稳地提了起来，甚至可以在空中停留 10 秒以上！

 扫描前面的二维码也可以观看实验现象哦！

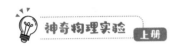
四、现象解释

我们把米压实以后，大米对筷子的压力增大。当我们提起筷子时，筷子受到向下的摩擦力，米受到向上的摩擦力，这个摩擦力的大小与米和杯子的重力相等，所以可以让米和杯子悬在半空中不掉下来。

知识小贴士

1. 静摩擦力：两个相互接触的物体，当其接触表面之间有相对滑动的趋势，但尚保持相对静止时，彼此作用着阻碍相对滑动的阻力。
2. 其他条件相同时，压力越大，最大静摩擦力越大。
3. 平衡力：物体受到几个力作用时，如果保持静止或匀速直线运动状态，我们就说这几个力相互平衡。
4. 二力平衡条件：作用在同一物体上的两个力，大小相等、方向相反，并且在同一条直线上。

物理百科

人是如何向前走路的

静摩擦力可以是阻力，也可以是动力，运动物体也可以受静摩擦力。人走路时，脚向后蹬地，脚相对地面有向后运动的趋势，所以脚会受到向前的静摩擦力，这也是人向前走路的动力。

金字塔是如何建成的

相传早在古埃及，人们就知道如何利用滚动摩擦力了。

金字塔位于尼罗河西岸，那里是一片沙漠，没有石头可用。所以古埃及人为了给他们的法老（国王）建造金字塔，需要从很远的地方搬运大石头。但是由于大石头与地面之间会产生巨大的摩擦力，仅凭借人的力量是很难搬运石头的。当时还没有车子，轮子也还没有传到古埃及。不过古埃及人很聪明，现在很多研究表明，他们利用圆木做成了类似带滚轴的车板来搬运石头；还有种说法是他们学会了使用滑橇的方式，同时在滑橇下添加砂石，由此来减少大石头移动时所产生的摩擦力。借助这些工具和方法拉起巨石，比在地面上直接拉会省很多力气。

第二课 听话的纸盒

夏老师

拥有一个可以"听懂人话"的纸盒是一种什么体验？快来一起做做下面这个实验吧。

对应知识 摩擦力；平衡力。

一、实验准备

建议家长协同完成，注意安全使用剪刀。

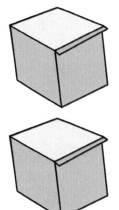

2个方盒

1把剪刀

1根细棉线
（长约1米）

二、实验过程 ||||

扫码观看夏老师
的实验教学视频

1
　　用剪刀在一个方
盒上下两面的中心各
开一个孔，孔的大小
控制在能让细棉线穿
过的尺寸。

2
　　从另一个方盒剪
下相邻的两面，即一块
长方形纸板，弯折呈 V
型，以竖直方向放进打
了孔的盒中。

4
　　盖好盒盖，两
手在竖直方向拉住
细棉线的两端。

3
　　将细棉线穿过
方盒，同时细棉线
将 V 型纸板隔在
一边（如果纸盒太
轻，可以放一颗葡
萄增加重量）。

5
　　分别尝试用力将细
棉线拉紧绷直，以及手
放松、不用力这两种情
况，观察现象。

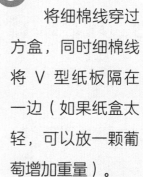

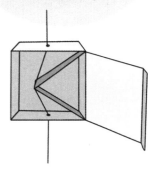

三、实验现象

细棉线松弛，方盒从上端滑下；把细棉线拉紧，方盒很快就停下。表演的时候可以让方盒"听"你的指令，让它下降就下降，让它停止就停止。

 扫描前面的二维码也可以观看实验现象哦！

四、现象解释

细棉线放松时，方盒受重力作用下滑；拉紧时，细棉线对孔口及中间纸板弯折处的压力变大，摩擦力变大，这样摩擦力就与方盒的重力达到了平衡，方盒就停了下来。

知识小贴士

1. 两个物体间产生滑动时，压力越大，摩擦力就会越大。
2. 平衡力：物体受到几个力作用时，如果保持静止或匀速直线运动状态，我们就说这几个力相互平衡。
3. 二力平衡条件：作用在同一物体上的两个力，大小相等、方向相反，并且在同一条直线上。

 物理百科

自行车的刹车原理

自行车的刹车是利用固定在车架上的橡皮对车轮施加摩擦而实现的。自行车要减速时，可以轻捏刹车闸；当要急刹时，就需要用力捏刹车闸，通过增大压力来增加摩擦力，让自行车尽快停下来。

中国第一辆国产雪蜡车

给滑雪板打蜡是针对滑雪运动的一项非常重要的服务技术，需要用到雪蜡车，其核心技术一般掌握在冰雪运动强国手里。在北京冬奥会倒计时 100 天之际，我国第一辆国产雪蜡车在北京交付。这是一辆长 20 多米、红白相间的厢体雪蜡车，可供 6 名打蜡师同时为雪板打蜡。打蜡台上方有倾斜的吸风口和照明设备，台上摆放着打蜡师要用到的各种打蜡工具——雪蜡、加热熨斗、刮板等。

在不同的温度、雪质条件下，打蜡师通过选用不同的雪板蜡，并调整施蜡方式，帮助运动员获得适宜的雪板摩擦力，从而提升运动表现。

第三课 魔术提瓶

夏老师

在之前的实验中，我们利用摩擦力成功地用筷子把装有米的杯子提了起来。但如果杯子里没有米，我们还能把杯子提起来吗？这听起来像天方夜谭，快来做做下面这个实验吧。

对应知识 摩擦力；平衡力。

一、实验准备

1个玻璃瓶

喷漆

1瓶白色喷漆

1个橡胶球
（直径略小于玻璃瓶口直径）

1根筷子

二、实验过程 ▓▓▓

扫码观看夏老师
的实验教学视频

1
往玻璃瓶的瓶
身喷上白色喷漆，
并等待晾干。

2
先将
橡胶球放
入瓶中。

3
再将筷子
插入瓶内。

4
保持筷子
在瓶中，并把
玻璃瓶口朝下
倒置过来。

5
把玻璃瓶重
新摆正，只用一
只手拿着筷子。

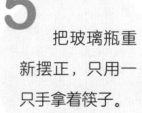

三、实验现象

瓶子口朝上，将筷子插到瓶内时筷子还可以晃动。把瓶子倒过来，再重新摆正让瓶口朝上后，我们用一只手拿着筷子的一头，另外一只托着瓶子的手放开，瓶子竟稳稳地悬在空中不会掉下。

📢 扫描前面的二维码也可以观看实验现象哦！

四、现象解释

将瓶子倒置时，事先塞进瓶中的橡胶球（直径略小于瓶口直径）就会卡在筷子与瓶颈部位，筷子稍稍一拉，球就卡紧了。此时它们之间的最大静摩擦力变得很大，筷子就像是被"锁"定了，而且越拉"锁"得越紧。由于摩擦力和重力平衡，瓶子就可以稳稳地被提起来了。

知识小贴士

1. 静摩擦力：两个相互接触的物体，当其接触表面之间有相对滑动的趋势，但尚保持相对静止时，彼此作用着阻碍相对滑动的阻力。

2. 其他条件相同时，压力越大，最大静摩擦力越大。

3. 平衡力：物体受到几个力作用时，如果保持静止或匀速直线运动状态，我们就说这几个力相互平衡。

4. 二力平衡条件：作用在同一物体上的两个力，大小相等、方向相反，并且在同一条直线上。

物理百科

生活中的摩擦自锁现象

生活中很多现象都可以用摩擦自锁原理来解释。比如公园的滑梯倾角不能太小，如果过于平缓，达到摩擦自锁条件，小朋友就会被"锁"在上面，无法滑下来。还有当我们使用梯子时，梯子一端在地面，另一端在墙面；如果没有摩擦力，梯子就会滑落下来；正是因为有了摩擦力，梯子、地面和墙面形成了摩擦自锁，我们才能顺着梯子往上爬。

电工如何轻松自如地爬电线杆

电工经常需要爬上电线杆上进行维修和安装工作，细长笔直的电线杆如何能让人站住脚跟？一种叫作登杆脚扣的工具，起着很重要的安全保障作用。

登杆脚扣是电工攀登电线杆的主要工具，通常由两个部分组成：一个是用于固定在电线杆上的扣环，另一个是供人踩踏的踏板。电工首先要把脚扣穿戴好，确保稳固。攀爬时，每一步都必须使扣环完全套入并紧紧地扣住电线杆，再进行下一步移动。在这一过程中，脚扣利用杠杆作用，借助人体自身重量，能产生较大的摩擦力，达到摩擦自锁条件，从而使脚扣牢固地扣在电线杆上；而抬脚时因脚上承受重力大大减小，脚扣则会自动松开；由此左右脚交替，平稳地完成爬杆动作。

第四课 陶瓷杯历险记

只用一把钥匙可以拉住正在下落的陶瓷杯吗？这是一个需要胆量的实验，快拿出你的勇气试一试吧！

夏老师

对应知识 摩擦力；圆周运动。

一、实验准备

1个带握柄的陶瓷杯

1根细线
（长约 1.5 米）

1份重物（钥匙等）

2个小伙伴

1根长杆

二、实验过程 ||||

扫码观看夏老师
的实验教学视频

1 用细线一头连接陶瓷杯的握柄，另一头连接钥匙。

2 两个小伙伴一起将长杆举过头顶。

3 把细线搭在长杆上，你拿着钥匙将细线一端水平拉直，另一端的杯子自然悬挂在长杆上。杯子那端细线尽可能短，钥匙这端细线尽可能长。

4 确认你拉的细线水平后，释放手中的钥匙。

三、实验现象

释放钥匙后，杯子向地面的方向落下；在杯子下落的同时，钥匙带着细线迅速缠绕长杆做圆周运动，阻止杯子继续下落，最后杯子停在空中。

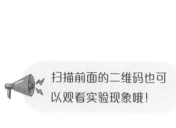

扫描前面的二维码也可以观看实验现象哦！

四、现象解释

陶瓷杯刚下落的同时，钥匙也在自身重力和细线拉力的作用下下落，然后再绕着长杆做近似圆周运动。随着陶瓷杯下落距离的增加，钥匙到长杆的细线长度变短，钥匙缠绕长杆的速度也变快，将细线不断地缠绕在长杆上。最终，长杆和细线间的摩擦力牢牢地拉住了陶瓷杯。

知识小贴士

1. 静摩擦力：两个相互接触的物体，当其接触表面之间有相对滑动的趋势，但尚保持相对静止时，彼此作用着阻碍相对滑动的阻力。
2. 其他条件相同时，压力越大，最大静摩擦力越大。

物理百科

拔河比赛比的是力气吗

在拔河比赛中，取胜的关键不在于大家的力气，而在于脚底和地面之间的摩擦力。由于力的作用是相互的，甲对乙施加了多少拉力，乙就会对甲施加同样的拉力。所以双方之间的拉力并不是决定性因素。试想如果地面完全没有摩擦，两支队伍一用力，那么他们就只会相互靠拢。所以拔河时，为了增大摩擦，我们最好穿鞋底有凹凸花纹的鞋子，选择体重较重的队员上场，这样才更容易获胜。

马儿的"铁鞋子"

在古代，人们使用马车作为主要的交通工具，但马蹄很容易磨损，这会降低马车的速度和效率。为了解决这个问题，人们发明了马蹄铁，给马儿穿上"铁鞋子"。

马蹄铁其实是一个 U 型结构的铁片，这个形状是根据马蹄的形状来设计的，还分了上下两层结构，这两层结构分别对马蹄起到了不同的作用。其中用来接触地面的那层，大概有两三厘米厚，它可以有效避免马蹄直接接触地面的坚硬物质。这样就减少了地面对马蹄的摩擦，从而缓解了马蹄的磨损，而且还可以加大马蹄对地面的抓力，使马儿跑得更加稳定。

第五章

压强

第一课 不怕钉子的气球

气球是非常脆弱的，稍微不注意就容易破掉。而下面我们要做一个大胆的实验——用气球碰钉子，并且不是碰一个，而是碰几十个钉子。快来试试吧！

夏老师

对应知识 压强与受力面积的关系。

一、实验准备

 建议家长协同完成，注意安全使用图钉。

1盒图钉

水

若干气球

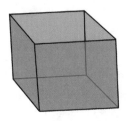

1个上方开口的纸盒

二、实验过程 ▌▌▌▌

扫码观看夏老师的实验教学视频

1 将纸盒放在水平桌面上。

2 把一整盒图钉撒在纸盒底部。

3 让所有图钉聚拢并且钉尖朝上。

4 将气球装满水并扎紧。

5 将气球拿到图钉正上方约1米高处。

6 放手，让气球落下。

三、实验现象

装满水的气球自由落体 1 米后落到图钉上，竟没有被图钉扎破。

扫描前面的二维码也可以观看实验现象哦！

四、现象解释

图钉很尖锐，可以轻易扎破气球，这是因为图钉的钉尖与气球的接触面积小，压强很大，所以容易刺破气球表面。而当气球砸在一片图钉上的时候，虽然每个图钉都很尖锐，但气球会同时接触到很多图钉，两者的接触面积增大了，从而压强减小，气球自然可以完好无损。

知识小贴士

1. 压强大小跟受力面积和压力有关。压力相同时，受力面积越小，压强越大。

2. 压强越大，压力的作用效果越明显，更容易让物体产生形变。

 物理百科

书包肩带为什么设计得那么宽

压强的大小与受力面积有关，书包肩带设计得很宽是为了在压力一定时，通过增大受力面积来减小书包对肩膀的压强，使人背起来更舒适。

像鹤嘴的锄头

古时候，中国有一种名叫"鹤嘴锄"的工具，被用于挖掘土地，同时也被发现曾是战锤的一种。

鹤嘴锄的形状类似于现代的镐，因锄头像鹤嘴而得名。这样的设计可以减小锄头与土壤之间的接触面积，从而增大锄头对土地的压强，使得鹤嘴锄能够轻松地挖掘地下的石块和土壤。而作为作战工具来说，这样的设计则让它拥有了较强的杀伤力。

第二课 覆杯实验

夏老师

一张薄薄的纸巾能做什么？在下面的实验中，一张一戳就破的纸巾竟然可以托起满满一瓶水。

✦ **对应知识** 大气压强。

一、实验准备

⚠️ 建议家长协同完成，注意安全使用剪刀。

1个装满水的
塑料瓶

1卷透明胶带

若干纸巾

1把剪刀

二、实验过程 ||||

扫码观看夏老师
的实验教学视频

1 取一张纸巾盖在装满水的塑料瓶瓶口。

2 将纸巾浸湿。

3 轻轻撕掉瓶口外的纸巾，只留下覆盖住瓶口的部分。

4 轻轻将瓶身倒置。

进阶版实验：

1 用剪刀将透明胶带剪成比瓶口略大、比瓶盖略小的圆片。

2 将圆片放进瓶盖里。

3 将瓶盖盖上并轻轻旋转两圈（不要旋紧）。

4 将瓶子倒置过来并旋开瓶盖（此时圆片应盖住瓶口）。

三、实验现象

将瓶身缓慢倒置后，水竟然没有流出来，薄薄的纸巾和小圆片都成功封住了整瓶水。

扫描前面的二维码也可以观看实验现象哦！

四、现象解释

其实真正阻止水掉下来的不是纸巾也不是圆片，而是我们不容易察觉的大气压强。把瓶子倒过来后，纸巾和圆片受到向上的大气压强，支撑住了纸巾、圆片和瓶里的水。

知识小贴士

1. 大气压强：由于空气受重力作用且具有流动性，所以空气对各个方向都有压强，称为大气压强，简称大气压。
2. 标准大气压强的大小约为10万帕斯卡。

物理百科

吸管是如何帮我们喝饮料的

我们常用的吸管就运用了大气压强的原理。使用时对着吸管吸走部分空气，会造成管内压强变小，在大气压强的作用下，管内液体上升。所以我们使用吸管时，其实是大气压帮我们把饮料通过吸管压入口中的。

测量大气压的托里拆利

托里拆利是伽利略的学生和晚年时的助手。他提出了可以利用水银柱高度来测量大气压，并于 1644 年同维维安尼合作，制成了世界上第一具水银气压计。

实验时，托里拆利制造了一支管长约 1 米的玻璃管，他用水银装满管子后先堵住管口，然后将管子垂直倒插入水银槽内，松开管口后发现水银柱开始下降，降到大约 76 厘米高的位置就不再下降。托里拆利在实验中还发现不管玻璃管长度如何，也不管玻璃管倾斜程度如何，管内水银柱距离水银槽液面的竖直高度总是 76 厘米，玻璃管内水银上方的真空就被称为"托里拆利真空"。

托里拆利发现并证明了真空和大气压的存在，这使他的名望永存。真空度测量的单位"托（Torr）"就是用他的名字来命名的。

第三课 谁可以扎穿土豆

夏老师

拿出一个生土豆，分别用筷子和塑料吸管扎土豆，猜一猜哪一个能将土豆扎穿？

对应知识 压强与受力面积的关系。

一、实验准备

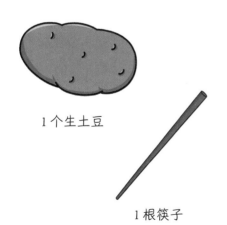

1个生土豆

1根筷子

1根塑料吸管

1位家长或老师

二、实验过程 ||||

 扫码观看夏老师
的实验教学视频

1

家长双
手捏住土豆
并悬空。

3

你再握住吸
管，同时用大拇指
堵住吸管上孔，尝
试用吸管用力扎穿
土豆。

2

你先尝试
用筷子用力扎
穿土豆。

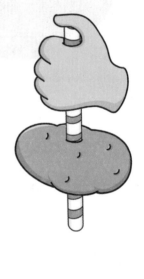

三、实验现象

　　你会发现用筷子很难扎穿土豆，但是用不如筷子硬的塑料吸
管却可以更轻易地扎穿土豆。

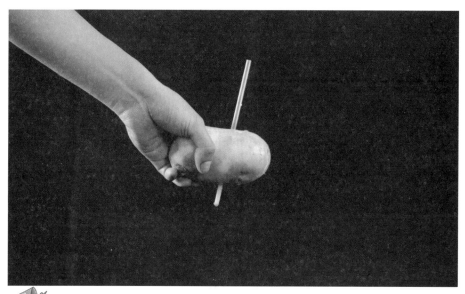

 扫描前面的二维码也可以观看实验现象哦!

四、现象解释

吸管与土豆的接触面积更小，在压力相同的情况下，吸管对土豆的压强是筷子的数倍，压强越大越容易穿透土豆，所以吸管更容易成功。那为什么平时容易弯折的吸管这次没被压弯呢？

这里还有一个关键因素，那就是借助了空气的力量。用手堵住吸管上孔，在下端插入土豆时，吸管内的气体被压缩，气体压强增大，增强了整个吸管的强度，于是平时容易弯折的吸管就变成了一根"坚强"的吸管。

知识小贴士

1. 压强大小跟受力面积和压力有关。压力相同时，受力面积越小，压强越大。

2. 压强越大，压力的作用效果越明显，更容易让物体产生形变。

物理百科

坐沙发为什么比坐凳子更舒服

压强的大小与受力面积有关，在压力相同的条件下，坐凳子时，凳子与人体接触面积小，压强较大；而坐沙发时，由于柔软的沙发与人体的接触面积更大，所以压强会小得多。压强越小，人会感觉越舒适。

巧施妙计消除脚印

在《海尔兄弟》这部充满智慧的动画片里，一次，海尔兄弟为了躲避巨人沿着脚印的追捕，让大家摘下大片树叶捆绑在脚上、包裹住脚底，这样走在土地上就不会留下脚印，这正是很巧妙地利用了"增大受力面积可以减小压强"的原理。

生活中还有很多压强与受力面积的运用，如注射器针头之所以设计得这么尖锐，就是因为在压力一定时，通过减小受力面积来增大对皮肤表面的压强，针头能更容易扎入人体，也可以减少人体感受到的痛苦。

第四课 "龙吸水"

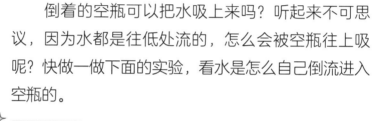

倒着的空瓶可以把水吸上来吗？听起来不可思议，因为水都是往低处流的，怎么会被空瓶往上吸呢？快做一做下面的实验，看水是怎么自己倒流进入空瓶的。

对应知识 大气压强；热胀冷缩。

一、**实验准备**

建议家长协同完成，注意用火安全。

1个打火机 1根蜡烛

1块橡皮

1个透明
玻璃瓶

1个装满水的盆子

1瓶酒精
消毒液喷雾

1位家长或老师

二、实验过程

扫码观看夏老师的实验教学视频

1

点燃蜡烛，用蜡油将蜡烛固定在橡皮上，并放入装满水的盆中。

2

向透明玻璃瓶里喷酒精消毒液（喷3次左右）。

3

用力摇晃瓶身，让酒精充满整个瓶子。

4

家长把瓶子倒置，将瓶口罩住蜡烛并浸入水中。

三、实验现象 🧲

在瓶口浸入水中的瞬间，你会感受到有一股神秘而强大的力量把盆里的水吸到瓶中。

📣 扫描前面的二维码也可以观看实验现象哦!

四、现象解释 🔺

实验前瓶内和瓶外的气体相连，气压大小相同；酒精在瓶内燃烧后，瓶内气体受热膨胀。接着瓶口浸入水中，水将瓶内和瓶外气体隔绝开来。瓶内气体降温，导致瓶内气压急剧下降，瓶内外气压差变大。最终，巨大的压力差使得水面的大气压把盆里的水压进了瓶中。

知识小贴士

1. 气体受热膨胀会导致密度减小。
2. 大气压强：由于空气受重力作用且具有流动性，所以空气对各个方向都有压强，称为大气压强，简称大气压。

物理百科

被大气压压扁的瓶子

把热水倒进塑料瓶后再倒出，盖上瓶盖后瓶子会变扁。这是因为热水温度高，使空气受热膨胀而溢出瓶外，瓶内空气密度变小；盖住瓶口后，随着瓶内空气变冷收缩，瓶内气压小于瓶外气压，所以瓶子会被瓶外气压压扁。

会"自爆"的带鱼

无论是沿海还是内陆地区，都很难见到活蹦乱跳的新鲜带鱼，这是为什么呢？

这是因为带鱼通常生活在 60～100 米的海水层，早已习惯了海里的重压，体内压强和周围海水压强基本一致。可是一旦将带鱼带出水面，它所处的环境就完全改变了。在大气压强突然远远小于体内压强的情况下，带鱼体内的鱼鳔、内脏、血管容易发生破裂，最终因为无法承受巨大的压力变化而死亡。

所以，我们很难见到活着的带鱼，带鱼也因此被称为世界上"最有骨气"的鱼。

第五课 牛奶瓶"吞"鸡蛋

你有办法让一个空的牛奶瓶自己"吞"入整枚鸡蛋吗?下面的实验你将见证一个会"吃"鸡蛋的牛奶瓶。

对应知识 大气压强。

一、实验准备

⚠️ 建议家长协同完成,谨防烫伤。

1个牛奶瓶
(瓶口略小于鸡蛋)

1枚熟鸡蛋

1壶热水

103

二、实验过程

扫码观看夏老师的实验教学视频

1
在瓶中倒入刚烧开的热水。

2
摇晃后倒掉。

3
将去壳的熟鸡蛋放在瓶口上。

4
静静等待。

三、实验现象

熟鸡蛋会被瓶口慢慢"吞"入，最终整枚鸡蛋进入瓶中。

扫描前面的二维码也可以观看实验现象哦！

四、现象解释

气压差是鸡蛋被瓶口"吞"下的原因。刚开始实验时，瓶内气压和瓶外气压相同，加入热水后瓶内气体受热膨胀，把鸡蛋放入瓶口以后，鸡蛋就隔绝了瓶内和瓶外的空气，随着瓶内空气冷却并收缩，瓶内气压开始下降，小于外界大气压。于是外面比较高的气压就把鸡蛋"压"入了瓶中。

知识小贴士

1. 气体受热膨胀会导致密度减小。
2. 大气压强：由于空气受重力作用且具有流动性，所以空气对各个方向都有压强，称为大气压强，简称大气压。

物理百科

吸盘使用小技巧

在使用吸盘挂钩时，我们需要压出吸盘与墙之间的空气，这样吸盘外侧的大气压会将吸盘紧紧地"压"在墙上，所以吸盘对墙面有较大的摩擦力，可以承受一定的重量。当吸盘进入一点空气，内外压力平衡时，外侧大气对吸盘的压力就消失了，吸盘就会掉下。

这里有一个使用小技巧：将吸盘压在墙上前，先让吸盘沾点水，这样可以将吸盘下面的空气排得更干净，从而使吸盘吸得更牢固。

高压锅的来历

我们生活中常用到炖煮东西的高压锅，在最早的时候叫"帕平锅"，是由法国医生丹尼斯·帕平（简称帕平）发明的。

在一次实验中，帕平的手意外地被蒸汽给烫伤了。让帕平感到不解的是，这次烫伤比以往的更疼，究竟是为什么呢？于是，他向物理学家波义耳请教。波义耳告诉他，在密闭容器内加热水的时候，沸点会随着水面上方气压的增大而升高，所以喷出来的蒸汽就会更烫。

这让帕平产生了一个大胆的想法：如果能够在容器内增加气压，那水的沸点就会升高，烹饪效率也会提高。于是，他开始尝试着制作一种可以提高气压的烹饪设备。经过多次实验，他最终发明了一种可以提高气压的金属容器，就是现在的高压锅！

第六课 神秘的"公道杯"

古代有一种神奇的杯子叫作"公道杯"。古人用它喝酒的时候，往里面倒一半的酒就不会漏，像一个正常的酒杯；但一旦倒得过满，酒就会从底部漏得一点不剩。这是怎么做到的呢？下面这个实验将解开"公道杯"的神秘面纱。

夏老师

对应知识 虹吸原理；大气压。

一、实验准备

⚠ 建议家长协同完成，注意用火安全，以及安全使用剪刀。

1个一次性塑料杯

1根蜡烛

1个打火机

1根带有弯管的吸管

1把剪刀

二、实验过程 ||||

扫码观看夏老师
的实验教学视频

1 用剪刀在
塑料杯底部钻
个孔，以便吸
管穿过。

3 将吸管短的
一端穿过杯底的
孔，长的一端维
持在杯外。

2 把吸管弯曲，用
剪刀将长的那头剪短
（剪短后比短的那头
略长半厘米）。

4 将杯内的
吸管弯曲，使
吸管口接触到
杯内的底部。

5 将杯子
倒过来。

6

点燃蜡烛，用蜡油将吸管和杯子间的空隙密封好，使接缝处不会漏水。

7

往杯子里倒水。

三、实验现象

往杯子里倒水，起初与往一般杯子里倒水没什么不同；但当水量高过吸管弯曲处最高点时，留在杯外的那截吸管就开始漏水，直到杯子里的水全部漏完。

扫描前面的二维码也可以观看实验现象哦！

四、现象解释

水位超过吸管弯曲处最高点时，吸管内部充满了水，杯底部和杯上部气压相同，但由于此时杯内液面更高，产生向下的液体压强，水就会通过吸管漏出。"公道杯"的科学原理就是利用液面的高度差，在气压和液压的共同作用下，对杯内液体产生源源不断的推力。这种原理在物理学中被称为"虹吸原理"。

知识小贴士

1. 虹吸原理：利用水柱压力差，使水上升后再流到低处。
2. 产生虹吸现象的三个条件：
   （1）管内先装满液体；
   （2）管的最高点距上端容器的水面高度不能高于大气压支持的水柱高度；
   （3）出水口必须比上端容器的水面低。

物理百科

宠物自动喂水器

宠物自动喂水器就是利用了大气压强的连通器原理。一般来说，储水瓶内水柱产生的压强远小于外界大气压，当瓶口浸入水中时，瓶口内外的压强相等，水不会流出。当宠物饮水使盘子里的水面下降到瓶口刚露出水面时，空气进入瓶内使得瓶内压强大于瓶外大气压强，瓶内的水就会流出。当瓶口重新没入水中，直至瓶口内外压强相等，水就停止流出。因此只要瓶内有水，盘里的水就能自动地得到补充，实现自动喂水。

虹吸——马桶畅通的秘诀

马桶是很常见的厕所设施，几乎家家都有。它们用于处理人类的尿液和粪便，是世界卫生事业的大功臣。每次你按动冲洗按钮，就会听到一股水流的声音，然后马桶里的污物就被冲走了。这个过程的背后，隐藏着怎样的科学原理呢？

原来，马桶内部有一个弯曲的管道，像倒写的字母"S"，这就是虹吸式马桶的关键——虹吸管。

虹吸管的一边连着马桶池，另一边连着下水道。按动按钮，水箱会向马桶池里大量注水，让水面变高。为了让两边的水面高度相等，马桶池中的水会向虹吸管另一侧流动，这时，水流会把污物也一同带走，流进下水道，以此保持马桶的畅通。

第七课 "竹篮"打水

夏老师

俗话说"竹篮打水一场空",形容白费力气,没有效果,劳而无功,指做事的方法不合适。下面这个实验将带你用正确的方式进行"竹篮"打水。

对应知识 液体表面张力;大气压强。

一、实验准备

建议家长协同完成,注意安全使用剪刀。

1块纱布

1个空塑料瓶　　1把剪刀

若干橡皮筋

1个装有水的盆子

二、实验过程 ||||

扫码观看夏老师的实验教学视频

1 用剪刀把塑料瓶底部去掉，并盖紧瓶盖。

2 用剪刀在瓶身靠近瓶盖处钻一个小孔。

3 将底部用纱布蒙住，并用橡皮筋扎紧。

4 把塑料瓶放入盆中取水。

5 用手堵住瓶身上的小孔，同时将塑料瓶拿起。

三、实验现象

把瓶子放入盆中，水可以通过纱布进入瓶中，不堵住瓶身上的小孔时，不能把水提起来；堵住瓶身上的小孔，再将塑料瓶拿起时，水也被提了上来，就好像瓶底的纱布没有洞一样。

扫描前面的二维码也可以观看实验现象哦！

四、现象解释

当不堵住小孔时，液体上方和下方都是相同的气压，液体就会因为自身重力流下来；堵住小孔以后，瓶内液体上方少量空气的气压小于下方的大气压，于是大气压就帮忙托住了水。纱网虽然有洞，但因为水的表面张力，大气压还是可以从外面托住水，所以才可以把水提起来。

知识小贴士

1. 液体表面张力：水等液体会产生使表面尽可能缩小的力，使液体可以抵抗拉伸。
2. 大气压强：由于空气受重力作用且具有流动性，所以空气对各个方向都有压强，称为大气压强，简称大气压。

物理百科

真空包装食品为何与包装袋紧紧贴合

真空包装的食品，在没打开之前，包装袋会紧紧贴合在食品表面，这是因为袋子里的空气被抽掉后，外界大气压比袋子里的气压大很多，于是把袋子压扁了。把包装袋剪开一个口子后，袋子就会鼓起来，不再与食品贴紧，这是因为袋子里进了空气，与外界大气相连，里外气压相等。

能"轻功水上漂"的水黾（mǐn）

水黾是水上运动的佼佼者，能在水面上自如地漂游而不沉入水中，随意施展"轻功水上漂"的本领。

这等好身手是如何练就的呢？

原来，水黾的腿有数千根按同一方向排列的多层刚毛，能将空气吸附在刚毛缝隙内，在刚毛表面形成一层稳定的气膜，由此

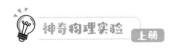

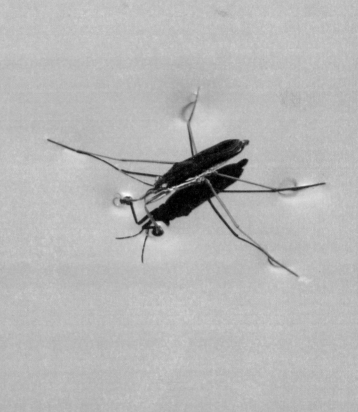

阻碍水滴的浸润。足的跗节上一排排不沾水的毛，可以让它的足尖不冲破水的表面张力膜，能依靠水的表面张力停留在水面上，不仅不会沉入水中，还可以在水面上飞快地移动，从而实现"轻功水上漂"！

第六章

杠杆与
流体力学

第一课 蜡烛跷跷板

夏老师

杠杆这个便捷的工具普遍应用于人们的生活中，比如筷子、扳手、剪刀这些都是杠杆。下面这个实验，就是用蜡烛做一个会自己动的杠杆。

对应知识 杠杆。

一、实验准备

⚠️ 建议家长协同完成，注意用火安全，以及安全使用剪刀。

1根蜡烛

1枚大号缝衣针

1个打火机

2个等高的一次性纸杯

1把剪刀

二、**实验过程** ||||

扫码观看夏老师的实验教学视频

1

用剪刀将蜡烛底部削尖并露出棉芯。

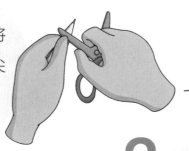

2

小心地用大号缝衣针穿过蜡烛中间的烛身。

3

将大号缝衣针架在两个纸杯中间。

4

点燃蜡烛的两端。

三、实验现象 🧲

将蜡烛两端点燃后，蜡烛两端就会上下往复摆动起来，像跷跷板一样。

📢 扫描前面的二维码也可以观看实验现象哦！

四、现象解释 🔺

蜡烛两端为什么会上下摆动呢？我们可以把蜡烛跷跷板看作是这样一个杠杆：以缝衣针位置为支点，两侧蜡烛重力的等效作用点（重心）为动力和阻力的作用点。蜡烛点燃后，蜡受热熔化并下滴。假设右侧先滴下一两滴蜡油，右侧重力就会减小，则右侧会翘起，左侧会倾斜向下。而左侧倾斜向下又会让左侧的蜡熔化得更快，于是左侧又会翘起，这样交替就形成了两侧蜡烛上下往复的摆动。

> **知识小贴士** 📎
>
> 1. 杠杆五要素：支点、动力、阻力、动力臂和阻力臂。
> 2. 杠杆平衡条件：动力×动力臂＝阻力×阻力臂。

生活中的省力杠杆

指甲钳属于省力杠杆，因为它的动力臂大于阻力臂，平衡时动力小于阻力。这种杠杆虽然省力，但是费了距离。像这样的省力杠杆还有扳手、开瓶器、剪刀、钢丝钳、铡刀等工具。

如何拖动一条大船

在埃及，很早就有人用杠杆来抬起重物，不过人们不知道它的原理。阿基米德潜心研究了这个现象并发现了杠杆原理，他说道："假如给我一个支点，我就能撬动地球。"赫农王对他的理论半信半疑，他要求阿基米德将理论变成活生生的例子以使人信服。

国王说："你帮我拖动海岸上的那条大船吧，能轻易拖下去我就相信你。"当时的赫农王为埃及国王制造了一条船，体积大，相当重，难以挪动，所以搁浅在海岸上很多天。阿基米德满口答应下来。

阿基米德设计了一套复杂的杠杆滑轮系统并把它安装在船上，然后将绳索的一端交到赫农王手上。赫农王轻轻拉动绳索，奇迹出现了，大船缓缓地挪动起来，最终下到海里。国王惊讶之余，也被阿基米德的智慧所征服，并派人贴出告示："今后，无论阿基米德说什么，都要相信他。"

第二课 兔子猴子分胡萝卜

 夏老师

兔子和猴子在路上看到一根胡萝卜，商量怎么分这根胡萝卜才公平。兔子把胡萝卜放小石块上面，找个平衡点让胡萝卜平衡；然后在平衡点处切一刀，将胡萝卜一分为二。兔子拿了长的那头，猴子拿了短的那头，最后他们都心满意足地回家了。你觉得在这个故事中，是猴子赚了还是兔子赚了？

对应知识 ▶ 杠杆。

一、实验准备

⚠️ 建议家长协同完成，注意安全使用刀具。

1 根胡萝卜

1 根细棉线
（长约 1.5 米）

1 把水果刀

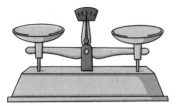

1个托盘天平　　　　　1根筷子　　　　　1支笔

二、实验过程

扫码观看夏老师
的实验教学视频

1 把细棉线两头系在一起。

2 将细棉线挂在筷子上，然后用手水平举着筷子。

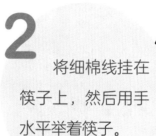

3 将胡萝卜放在细棉线上悬空，慢慢寻找平衡位置。

4 胡萝卜能保持平衡时，用笔在平衡处做好标记。

5 用水果刀从标记处将胡萝卜一分为二。

6 将两段胡萝卜分别放在天平两端进行称重比较。

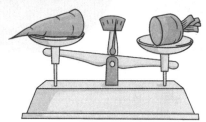

三、实验现象

经过称重，发现短的那头更重，长的那头更轻。

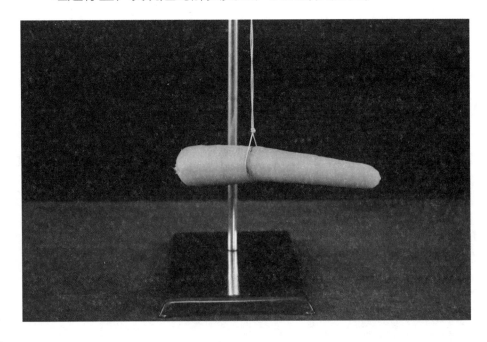

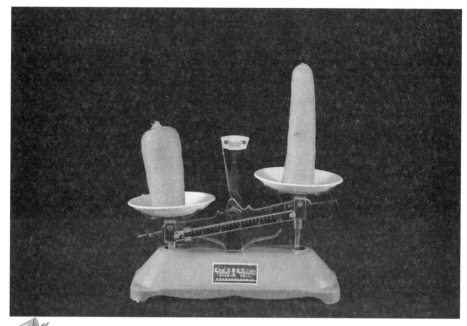

扫描前面的二维码也可以观看实验现象哦！

四、现象解释

杠杆平衡并不意味着两边一样重。我们把整根胡萝卜看作一个杠杆，短的那头重心离支点更近，力臂更短，长的那头重心离支点更远，力臂更长。根据杠杆平衡条件，短的那头会更重，所以最后还是猴子赚了。

知识小贴士

1. 杠杆五要素：支点、动力、阻力、动力臂和阻力臂。

2. 杠杆平衡条件：动力×动力臂＝阻力×阻力臂。

物理百科

钓鱼竿为什么要设计成费力杠杆

钓鱼竿是费力杠杆，那为什么要用费力杠杆钓鱼呢？这是因为费力杠杆的动力臂小于阻力臂，可以节省距离。在使用钓鱼竿的过程中，使用者的手移动的距离可以大大小于鱼移动的距离，能够使鱼快速离开水面。

原始的汲水工具——桔（jié）槔（gāo）

桔槔作为一种原始的汲水工具，也属于杠杆的一种，是春秋战国时期常用的农田灌溉工具。在河边、井边竖一立木，或就地利用树杈，架上一根横木，一端绑上配重，另一端系绳及汲水器，就可以制成一个简单的桔槔。

据说，孔子的爱徒子贡从楚国游历回来，在汉水南岸遇到一位浇灌菜园子的老人。老人挖了一条沟渠通到井边，然后抱着一个瓦罐不停地从井里取水、浇地。子贡看到老人非常辛苦，上前说道："老人家，我听说有一种机械，用它一天可以浇灌很大面积的菜地，用力少而成效大。您不想试试吗？"老人抬起头来看看子贡，说："那是怎么做到的呢？"子贡回答："它是用木头做成的一种机械，后端重、前端轻，用它提水就像抽水一样方便，速度快得如同沸水往外溢出一样。这种机械叫桔槔。"

可见，古人很早就开始有意识地使用杠杆了，甚至比阿基米德发现杠杆原理还要早。

第三课 悬浮的气球

如果不让你接触物体，你有办法让物体悬空，并受你操控吗？下面这个实验将让你学会怎么利用空气来控制物体。

夏老师

对应知识 伯努利原理；平衡力。

一、实验准备

1个气球

1个吹风机

1支中性笔

二、实验过程 ▥

扫码观看夏老师的实验教学视频

1 吹一个气球，在吹气口打上结。

3 让吹风机竖直向上吹风。

2 利用中性笔的笔盖把中性笔别在气球的打结处。

4 把气球放在吹风机上方。

5 当气球稳定后，将吹风机水平移动。

6 当气球稳定后，再将吹风机倾斜一定角度。

三、实验现象

吹风机在竖直向上吹风时，我们可以看到气球稳定地悬在向上的气流中；当吹风机水平移动时，悬浮的气球没有掉下来，而是跟着吹风机水平移动；当吹风机倾斜一定角度时，气球依然可以悬浮在空中不掉下来。

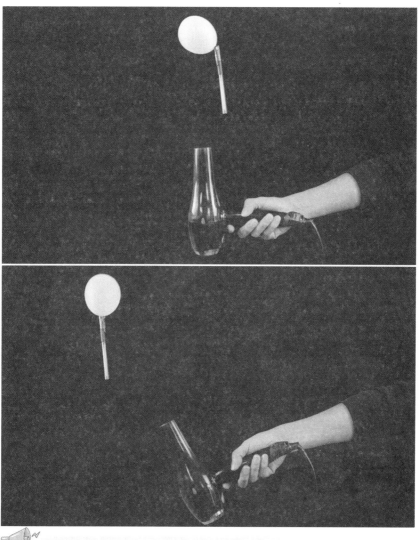

扫描前面的二维码也可以观看实验现象哦！

四、现象解释

　　根据伯努利原理，我们知道流速越大，压强越小。气流流过气球边缘的流速并不均匀，如果气球偏于气流中轴线右侧，此时气球左侧的气流流速较大，则右侧气流对它的压强大于左侧气流对它的压强，从而使它向中轴线方向靠近。同理，如果气球偏于中轴线左侧，也会由于向右的压强差，让它往中轴线靠近。正是因为气球不论向哪里偏离，总会受到向中轴线方向的压强差，所以气球能一直保持平衡状态。

　　当吹风机平移时，气流也平移了，气球左右气流流速大小变得不同，产生压强差，让气球也随之偏移，因此气流中的气球仍然可以恢复平衡。

　　当吹风机倾斜一定角度时，气球上侧的气流流速较大，压强较小，下侧流速慢、压强大，仍然可以让气球达到平衡状态。

> **知识小贴士**
>
> 伯努利原理：在气体和液体中，流速大的地方压强小，流速小的地方压强大。

物理百科

飞机是怎么升起来的

　　飞机机翼上方是弧形，下方是平面，这样的设计使得机翼上方气流速度比下方大。根据伯努利原理，飞机运动起来后，机翼受到向上的压强会比向下的压强大，整体受到了向上的压力差，就是这个压力差充当了飞机的升力。

两艘船的意外撞击

1912 年的秋天，当时世界上最大的轮船之一、远洋货轮"奥林匹克"号正在大海上航行。突然，一艘比它小得多的铁甲巡洋舰"豪克"号从后面追了上来，在离它 100 米处几乎与它平行地向前疾驰。这时，一件意外的事情发生了："豪克"号好像着了魔似的，扭转船头朝"奥林匹克"号冲了过来，把"奥林匹克"号的船舷撞了一个大洞，最终酿成重大的事故。

后来人们才明白，这次海面上的飞来横祸和伯努利原理有关。当两艘船比较接近地平行高速航行时，船中间的水比外侧的水流得快，中间受到的压强就小，在外侧水的压力作用下，两船会渐渐靠近；由于"豪克"号质量更小，更容易改变运动状态，它向两船中间靠拢的速度要比"奥林匹克"号快得多，因此最终撞向了"奥林匹克"号。现在航海界把这种现象称为"船吸现象"。

第七章

浮力

第一课 沉浮乒乓球

夏老师

乒乓球放水里会怎么样？你肯定会回答：浮在水面上。那你一定要做一做下面这个实验，它将颠覆你的想象，你会见到一个不同寻常的乒乓球。

对应知识 液体压强；浮力产生的原因；物体的浮沉条件。

一、实验准备

⚠ 建议家长协同完成，注意安全使用剪刀。

1个杯子

1个乒乓球

1个空塑料瓶

1把剪刀

1个装有水的盆子

二、实验过程 ||||

扫码观看夏老师
的实验教学视频

1 用剪刀将空塑料瓶的底部去掉，并取下瓶盖。

2 将塑料瓶的瓶口朝下，把乒乓球放入空塑料瓶。

3 用杯子在装有水的盆子里舀水，然后往塑料瓶里倒水。

4 观察乒乓球的沉浮。

5 再次往塑料瓶里倒水，然后用手掌堵住瓶口。

三、实验现象

第一次倒水后，乒乓球竟然没有浮起来，而是稳稳停留在底部的瓶口，水一点一点地通过乒乓球与瓶口的缝隙流失。第二次倒水时，乒乓球仍然没有浮起来，而在用手掌堵住瓶口后，乒乓球却浮了起来。

扫描前面的二维码也可以观看实验现象哦！

四、现象解释

第一次倒水时，乒乓球下半部分与空气接触，受到的水压强为零；乒乓球上半部分受到水向下的压强，所以乒乓球就被水压在了瓶口。第二次倒水并用手堵住瓶口后，乒乓球下端与水接触，由于乒乓球下半部分比上半部分更深，受到向上的液体压强更大，产生了向上的压力差，这个压力差大于乒乓球的重力，于是乒乓球就浮了起来。

知识小贴士

1. 液体压强特点：液体内部向各个方向都有压强；深度越深，压强越大。
2. 浮力：浸在液体中的物体受到竖直向上的力。
3. 浮力产生的原因：浸在液体中的物体，其上下表面受到液体对它的压力不同，下表面受到向上的压力大于上表面受到向下的压力，这个压力差就是浮力。
4. 物体浮沉条件：浮力大于重力时，物体上浮；浮力等于重力时，物体受力平衡，可以悬浮或漂浮；浮力小于重力时，物体下沉。

物理百科

饺子煮熟后，为什么会浮起来

饺子没有煮熟前，平均密度大于水的密度，所以饺子是下沉的。当饺子煮熟后，内部有了气体，饺子会膨胀。根据阿基米德原理，饺子煮熟后浮力大于重力，所以就浮了起来。

巧拉大铁牛

相传我国宋朝时，河中府区域发生了一次大洪水。汹涌的洪水冲断了河中府的一座浮桥，八只用来固定浮桥的几万斤重的大铁牛也被冲到下游，陷入淤泥中了。

待洪水退去，铁牛还沉在河底，而要修复这座桥，必须得把铁牛捞出来。这么重的铁牛，怎么把它打捞上来呢？一个和尚不慌不忙地微笑着说："铁牛是让水冲走的，我就叫水把铁牛送回来。"

只见那和尚叫人找来两条大木船，把它们拴在一起，装满比铁牛还重的沙石，并在两条船上搭了结实的木架。然后他派人潜下水底，用绳索一头牢牢地拴住铁牛，再把绳索的另一头拉紧，牢牢地拴在船的木架上。一切准备就绪，和尚招呼大家把船上的沙石一锹一锹地铲起来倒进河里。就这样，随着船体重量减轻，船体缓慢地往上浮升，绳索拉着铁牛慢慢地从淤泥中升了起来。

第二课 "不公平" 的天平

夏老师

一个天平，两边各放着一样重的一杯水，天平平衡。此时你轻轻地将你的手指伸入其中一杯水里，天平会失去平衡吗？

对应知识 浮力；相互作用力；杠杆。

一、实验准备

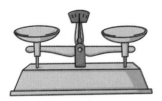

1个托盘天平

2个相同的烧杯

水

1个杯子

二、实验过程 ▐▐▐▐

扫码观看夏老师
的实验教学视频

1 将托盘天平调节平衡。

2 在两边的托盘上各放一个烧杯。

3 用杯子接水，然后向两个烧杯里加水（加至容量一半左右）。

4 通过杯子加水微调，使天平重新平衡。

5 向其中一个烧杯的水里伸手指（不碰到杯底）。

三、实验现象

原本天平是平衡的，将手指伸进一侧烧杯的水里后，这一侧的天平向下倾斜了。

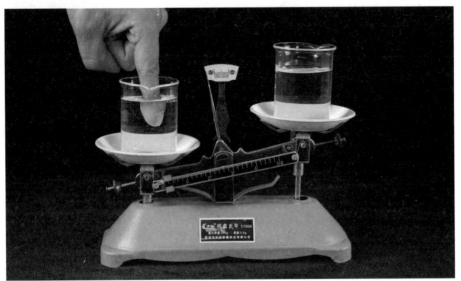

扫描前面的二维码也可以观看实验现象哦！

四、现象解释

手没有碰到杯底，为什么会让天平失去平衡呢？原来是因为浮力。手指伸到水里后，手指会受到竖直向上的浮力作用，而这个浮力施力物体是水。由于力的作用是相互的，手也会给水施加一个向下的反作用力，这一侧就相当于变重了。于是原本平衡的天平会向伸了手指的一侧倾斜。

知识小贴士

1. 相互作用力：物体间力的作用是相互的，一个物体对另一个物体施力时，另一个物体也同时对它施加力的作用。

2. 浮力：浸在液体中的物体受到竖直向上的力。

物理百科

不会游泳的人落水后该如何自救

如果不慎落水，又不会游泳，该怎么办？首先要尽快让自己镇定下来，越慌乱会沉得越快，这是为什么呢？根据阿基米德原理，我们的身体在水里的体积越大，受到的浮力就会越大。所以你的正确做法是：沉着冷静，全身放松，头向后仰，双手置于水中，这样可以使身体慢慢浮于水面，面部也会露出水面；用嘴吸气，用鼻呼气，如此保持呼吸，等待他人的救援。切记，千万不能将双手上举或者拼命挣扎，因为只要手一离开水面，身体在水中的体积减小，浮力也随之减小，身体会迅速下沉，十分危险。

"妙计测皇冠" 的阿基米德

相传叙拉古的赫农王让工匠替他做了一顶纯金的王冠。但是在做好后，有人密报国王，金冠并非纯金制作，工匠用了白银来偷工减料。盛怒的国王请来阿基米德进行检验。

由于不能毁坏王冠，阿基米德冥想多日，却无计可施。一天，他在家洗澡，当他跳进澡盆时，看到水往外溢，突然开悟：可以用测定固体在水中排水量的办法，来确定金冠的比重！

阿基米德来到了王宫，把王冠和同等重量的纯金放在两个水盆中，比较两个盆溢出来的水的多少。他发现放王冠的盆溢出来的水比另一个盆多，由此证明了王冠并非纯金制作，揭露了工匠的欺君行为。

第三课 隔空控物

之前我们学会了利用空气来控制物体，这次我们提升实验难度，把物体放进一个密闭的塑料瓶中。你可以隔着这个塑料瓶控制里面的物体吗？

夏老师

对应知识 浮力；物体的浮沉条件。

一、实验准备

1颗充气包装的糖果

1个装满水的塑料瓶

若干回形针

二、实验过程

扫码观看夏老师的实验教学视频

1 将两个回形针别在糖果包装袋上。

2 把糖果塞进装满水的塑料瓶。

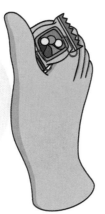

3 先用力捏瓶身,再松开瓶身。

三、实验现象

　　用力捏瓶子,糖果会下降;松开瓶子,糖果又会上升。表演时,可以配合发出的指令来控制瓶子和糖果,这样会更有趣。

扫描前面的二维码也可以观看实验现象哦!

四、现象解释

为什么不用接触就能控制糖果的浮沉呢?不捏瓶子时,糖果浮在水面,此时糖果受到的浮力等于重力;捏瓶子的时候,压力通过水传递给了糖果,由于糖果包装袋内有气体,受到压力后糖果包装袋被压缩,浸入液体中的体积变小,导致所受浮力减小,浮力小于重力,糖果就下沉了。松开手以后,糖果包装袋体积膨胀,所受浮力大于重力,于是糖果又重新上浮。其实我们就是通过控制浮力的大小,来实现"隔空控物"的效果的。

知识小贴士

1. 浮力:浸在液体中的物体受到竖直向上的力。

2. 浮力大小:浸在液体中的物体体积越大,所受的浮力越大。

3. 物体浮沉条件:浮力大于重力时,物体上浮;浮力等于重力时,物体受力平衡,可以悬浮或漂浮;浮力小于重力时,物体下沉。

热气球是如何升降的

阿基米德原理不仅适用于液体，还适用于气体。热气球就是利用了阿基米德原理。热气球由球囊、吊篮和加热装置三部分组成。球囊不透气且耐高温，质量轻而结实。热气球通过加热球囊中的空气让其密度变小，产生浮力，同时热气球整体重力减轻，当重力小于热气球受到的浮力时热气球就会上升。所以通过控制加热、熄火时间的长短就可以控制热气球的升降。

不会浮起来的太空乒乓球

有一个奇特的现象：在地球上，把乒乓球放进水中，乒乓球会浮起来；但在太空舱中做同样的实验，乒乓球并没有浮在水面上，而是悬浮在水中。这是为什么呢？

其实，这和浮力产生的原因有关。在地球上，由于液体受到重力，液体内部越深的地方压强越大，处于液体中的物体下部分受到的压强大于上部分，于是产生向上的压力差，这就是浮力产生的原因。

但太空舱内是微重力环境，物体不同高度的压强几乎相同，就不存在上下表面的压力差，浮力也就消失了。

第四课 1秒鉴别坏鸡蛋

夏老师

逢年过节，很多人家里往往会囤很多鸡蛋，但过了一段时间，有些鸡蛋就开始变质，成了坏鸡蛋。可是新鲜鸡蛋和坏鸡蛋长得都一样，怎么才能在不打破鸡蛋的情况下，提前把坏鸡蛋找出来呢？

对应知识 浮力；物体的浮沉条件；密度。

一、实验准备

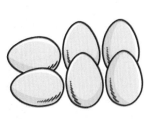

若干鸡蛋

1个装满水的盆子

二、实验过程 ▯▯▯▯

扫码观看夏老师
的实验教学视频

1 将若干
鸡蛋轻轻放
入水中。

2 观察鸡
蛋的沉浮。

三、实验现象

有些鸡蛋沉在底
部，有些鸡蛋浮在水
面。沉在底部的是比
较新鲜的鸡蛋，而浮
起来的鸡蛋就是坏鸡
蛋了！

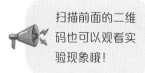

扫描前面的二维
码也可以观看实
验现象哦！

四、现象解释

坏鸡蛋与新鲜鸡蛋的主要区别在于整体密度的变化。

新鲜鸡蛋富含营养物质，密度略大于水，放入水中后，受到的重力比浮力大，便沉入盆底。而坏鸡蛋由于细菌等微生物侵入，营养物质被分解产生硫化氢等气体，鸡蛋变轻，密度小于水；放入水中后，受到的重力比浮力小，于是就浮了起来。

知识小贴士

1. 浮力：浸在液体中的物体受到竖直向上的力。
2. 物体浮沉条件：浮力大于重力时，物体上浮；浮力等于重力时，物体受力平衡，可以悬浮或漂浮；浮力小于重力时，物体下沉。

物理百科

潜水艇是怎么上浮和下潜的

潜水艇上浮和下潜是靠改变自身重力实现的。当潜水艇要下潜时，水舱进水，潜艇自身重量增加，浮力小于重力，于是潜水艇就开始下潜。当潜水艇要上浮时，水舱排水，潜水艇重力变小，浮力大于重力，于是潜水艇就开始上浮。

曹冲称象

有一次，孙权送给曹操一头大象，曹操十分高兴。大象运到许昌那天，曹操带领他的儿子和文武百官前去观看。众人对这庞然大物十分好奇。见大象又高又大，曹操就向众人提问："有什么办法能称出它的重量？"

在场的众人看到庞大的大象纷纷束手无策，这时候曹操的小儿子曹冲说道："父亲，我有个办法可以称出大象有多重。"众人很是惊讶。

只见，曹冲先令人驶来一艘大船，让人把大象牵到船上，等船稳定后在齐水面的船身上刻下一条线。然后他再叫人把大象牵回岸上，接着把大大小小的石头往船上装，船身就一点点地往下沉。当刚才刻的那条线和水面平齐时，曹冲就叫人停止装石头。最后，称出那些石头的重量便是那庞大的大象的重量了。这个故事里曹冲聪明地运用了浮力的作用。

夏老师

神奇

物理实验

下册

夏振东　编著

SPM
南方传媒　新世纪出版社
广东海燕电子音像出版社
·广州·

图书在版编目（CIP）数据

神奇物理实验. 下册 / 夏振东编著. — 广州：新世纪出版社，2023.6（2023.12重印）
ISBN 978-7-5583-3861-8

Ⅰ.①神…　Ⅱ.①夏…　Ⅲ.①物理学—实验—青少年读物
Ⅳ.①O4-33

中国国家版本馆 CIP 数据核字（2023）第 108814 号

出 版 人：陈少波
策划编辑：钟　菱
责任编辑：李梦琳　李　琳
责任校对：郭怡琳
责任印制：廖红琼
绘　　图：庄慧慧　叶丁铭　叶丁源
封面设计：奔流文化
内文设计：友间文化
特邀顾问：周新桂
摄　　影：江期龙

神奇物理实验　下册
SHENQI WULI SHIYAN XIACE

出版发行：新世纪出版社
　　　　　（广州市大沙头四马路 10 号）
　　　　　广东海燕电子音像出版社
　　　　　（广州市天河区花城大道 6 号名门大厦豪名阁 25 楼）
经　　销：广东新华发行集团
印　　刷：咸宁市国宾印务有限公司
　　　　　（咸宁市高新长江工业园内B幢1层）
规　　格：787 mm×1092 mm
开　　本：16
印　　张：9.5
字　　数：152 千字
版　　次：2023 年 6 月第 1 版
印　　次：2023 年 12 月第 3 次印刷
书　　号：ISBN 978-7-5583-3861-8
全套定价：98.00 元（全 2 册）

如发现印装质量问题，请直接与印刷厂联系调换。
质量监督电话：（020）38299245　购书咨询电话：（020）38896147

前言

　　2016 年，我成为一名人民教师，刚开始我跟大多数人一样，只是把教师这份工作当作一种谋生手段；但当我带完一届学生后，可爱的孩子们让我彻底爱上了这份工作，我很享受教孩子们学习物理知识的过程。为了提高自己的专业水平，我开始潜心研究各种教学方法，并在我的课堂中实践。我发现有实验的课堂，孩子们都会听得更认真，学习效率得到了极大的提高。

　　从 2019 年起，我开始利用课余时间研究物理创新实验并运用到课堂之中。为了提高自己的上课质量，我常常会把自己的课用手机录下来观看。偶然一次我分享了一个视频到互联网上，原以为不会有什么人看，没想到在《雷神之铲》的视频发布后，我获得了 1 万订阅者；4 个月后我发布了第二个视频《仙气飘飘的物理课》，两天内竟然收获了超过 110 万的新增订阅者。我备受鼓舞，原来有这么多人喜欢我的物理课！从这以后，我开始花费更多的时间来研究物理实验，每成功一个我就会把它记录在电脑中。

2022 年暑假，我偶然看到了一则关于"牛顿躲避鼠疫"的故事，被牛顿钻研科学的精神所打动。于是我决定要在这期间做些什么，比如写一本有关实验的科普书籍。我打开了电脑里我一直用于记录创新物理实验的文件夹，发现经过 3 年的积累、研发，记录下来的物理实验已经超过 200 个。有了这些作为基础，我立刻开始了这本书的创作，历时半年顺利完成了本书的文字部分。

我的订阅者中有很大一部分是学生家长，在和他们交流的过程中，我了解到很多家长想在家陪孩子做科学实验，以培养孩子的动手能力和科学思维；但由于缺乏专业知识，他们不知道该带孩子做哪些实验，更不知道具体该怎么做实验，为此常常感到心有余而力不足。为了解决孩子在小学、初中阶段在家"做什么实验，怎么做实验"的问题，我从记录的 200 多个实验中，精心挑选出了 63 个有趣的实验，涵盖了声学、光学、热学、力学、电磁学等物理学的主要领域。其中，有可以当作生活小妙招的实验，如 1 秒辨别坏鸡蛋、野外污水净化、火灾中为什么要匍匐前进、"彩虹"饮料；还有可以让孩子心跳加速的实验，如反冲"水导弹"、火烧气球、人体电路；更有锻炼动手能力的物理小制作，如纸杯电话、黄瓜平衡术、拉线飞轮；甚至还有可以上台表演的物理魔术实验，如用意念变弯勺子、隔空控物、听话的纸盒。每天一个物理小实验，两个月的时间，孩子就可以掌握初中物理绝大部分的重点知识。

　　将本书作为科学的课外补充读物，相信更能激发孩子对物理学的热情，并拓宽孩子的科学视野。

本书的宗旨是"手把手"教孩子做物理实验。每个实验的方法和过程都写得极为详细。为了展现更为真实的实验现象，我把自己的一个房间改造成了摄影棚，亲自操刀为每一个实验拍摄照片和小视频。因为教学工作繁重，我只能利用周末和晚上的时间拍摄，常常会工作到凌晨一两点。不过想到即将能带着千千万万的家长和孩子一起做物理实验，我就充满了干劲。

　　不多说了，快跟着夏老师一起进入有趣的物理世界吧！

夏振东

2023 年立夏

目录

第一章 热

第二章 各种力

第三章 密度

第四章 能量

第五章

电磁

第一章

热

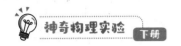
神奇物理实验 下册

第一课 仙气飘飘的物理课

夏老师

天上的白云摸起来是什么感觉？通过这次的实验我们可以在家中把天上的白云造出来！想体验一节仙气飘飘的物理课吗？一起来试试吧！

对应知识 物态变化——升华。

一、实验准备

⚠️ 不可用手直接拿取干冰，谨防冻伤。

若干干冰
（可以上网购买）

1个食品夹

1壶热水

1个盆子

二、实验过程 ||||

扫码观看夏老师的实验教学视频

1 借助食品夹将干冰放入盆中。

2 将准备好的热水缓缓倒入盆中。

三、实验现象

在热水倒入盆中的一瞬间，一片片雪白的"云"从盆里冒了出来！更神奇的是，它还在源源不断地往外飘！仔细听，还有"咕嘟咕嘟"的声音，像水在沸腾一样。

扫描前面的二维码也可以观看实验现象哦！

四、现象解释

热水浇到干冰上，会加速干冰的升华，而干冰升华会吸收附近空气的热量，让周围空气的温度迅速下降，使得空气中的水蒸气液化成小液滴，就成了我们看到的白色雾气。天上的白云也是由浮在空中的无数小液滴形成的，所以你看到的白色雾气跟天上的白云是一样的物质。现在你知道白云摸起来是什么感觉了吗？

有"咕嘟咕嘟"的声音，是因为干冰升华时会不断在水中产生二氧化碳气泡，水一直处于激烈的振动状态，进而引起了空气的振动，形成了类似水沸腾的声音。

知识小贴士

1. 升华：物质由固态直接变为气态的过程，这个过程需要吸收热量。
2. 干冰：固态的二氧化碳，温度为 -78.5 摄氏度，常温下会通过吸收热量升华变成二氧化碳气体。

人工降雨

你知道人工降雨是怎么做到的吗？将干冰撒入一定高度的云层中，由于干冰升华吸热，高空中的部分水蒸气和小液滴会凝结成小冰粒，这些小冰粒逐渐变大而下落，遇到地面附近的暖空气，便融化成雨点，形成降雨。很多地方都会实施人工降雨，或许你在某个炎热的一天淋的雨，就是干冰的功劳喔！

发明天文望远镜的伽利略

伽利略·伽利雷（简称伽利略），意大利物理学家、数学家、天文学家，1564年出生于意大利西海岸比萨城，其主要贡献是改进望远镜、进行天文观测，以及支持哥白尼的"日心说"。

17岁那年，伽利略进入著名的比萨大学学医，但是他对医学并没有兴趣，于是他孜孜不倦地学习数学、物理学等学科。1592年，伽利略进入帕多瓦大学任教，在这期间，他深入系统地研究了落体运动、静力学、水力学等，首次提出"惯性"和"加速度"的概念，研制了温度计和天文望远镜。

1609年，伽利略用风琴管和凸凹透镜各一片制成一个望远镜，倍率为3，后又提高到9。1610年初，他又将望远镜放大倍率提高到33，用来观察日月星辰，发现月球表面凹凸不平，以及月球与其他行星所发出的光都是太阳的反射光等。伽利略的这些观测开辟了天文学的新天地。

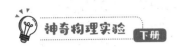
第二课 火烧气球

夏老师

　　气球是非常脆弱的，我们吹气球的时候都会担心它是否会突然破裂。如果我们把气球放在火上烤，会发生什么呢？这是个惊心动魄的实验，你敢试一试吗？

对应知识 物态变化——蒸发吸热。

一、实验准备

⚠️ 建议家长协同完成，注意用火安全。

1个气球

1根蜡烛

1个打火机

水

二、实验过程 ||||

扫码观看夏老师
的实验教学视频

1 利用水龙头，往气球内部灌入约四分之一的水。

2 将气球吹至正常大小，并将气球吹气口打上结。

3 用打火机点燃蜡烛，用蜡油将蜡烛固定在水平桌面上。

4 手捏住气球吹气口，将气球的底部放在蜡烛的火焰上。

三、实验现象

在火焰的炙烤下，脆弱不堪的气球竟然没有爆炸！你还能看到气球底部被烧黑的样子。

📢 扫描前面的二维码也可以观看实验现象哦！

四、现象解释

因为水的温度低且吸热能力强，火焰给气球的热量，绝大部分会被水吸收，同时水吸收热量会加速蒸发，蒸发又会带走水的热量。所以在水的保护下，气球扛住了火焰的炙烤。

知识小贴士

水是一种吸热能力很强的物质，本身就可以吸收大量热而不上升太多的温度；水吸热的同时也在蒸发，而蒸发又是一个吸热的过程。因此可以利用这两点给其他物体降温。

缓解热岛效应

近年来，由于城市人口集中、工业发达，城区建筑大多用混凝土建成。在温度的空间分布上，城市犹如一个温暖的岛屿，从而形成热岛效应（指一个地区的气温高于周围地区的现象）。在缓解热岛效应方面，专家测算一个中型城市环城绿化带树苗长成浓荫后，绿化带常年涵养水源，相当于一座中型水库。由于水的吸热能力强，能使城区夏季温度下降 1 摄氏度以上，可以有效缓解日益严重的热岛效应。

"液压机之父"帕斯卡

布莱士·帕斯卡（简称帕斯卡），法国物理学家，1623 年出生于法国克莱蒙费朗，主要贡献是研究了流体静力学，提出了著名的帕斯卡定律。

11 岁时，帕斯卡发现盘子被敲打后声音不断，但用手按住盘子后声音立刻就消失了，即打击停止后只要振动不停止，声音就不会停止。由此他总结出发声最要紧的是振动而不是敲打，这就是声学的振动原理。他在帮助父亲做繁杂的税务计算工作时，潜心钻研设计出了世界上第一台计算器。

帕斯卡还发现了气压变化的规律和真空的存在，提出了帕斯卡定律。帕斯卡做过一个著名的实验：他将一个木酒桶的顶端开一

个小口，小口上接一根很长的铁管子，接口处密封；酒桶先盛满水，再慢慢往铁管子里倒上几杯水，当管子中的水柱高度达到几米的时候，酒桶突然破裂。帕斯卡总结了很多实验经验，发现了液体传递压强的基本规律，这就是著名的帕斯卡定律。现在所有的液压机械都是根据帕斯卡定律设计的，所以帕斯卡被称为"液压机之父"。

第三课 空瓶吹气球

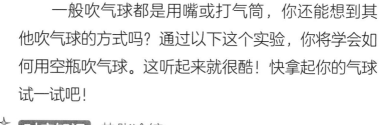

一般吹气球都是用嘴或打气筒，你还能想到其他吹气球的方式吗？通过以下这个实验，你将学会如何用空瓶吹气球。这听起来就很酷！快拿起你的气球试一试吧！

夏老师

对应知识 热胀冷缩。

一、实验准备

⚠️ 建议家长协同完成，谨防烫伤。

1个气球

1个空玻璃瓶

1壶刚煮沸的热水

1个盆子

二、实验过程 ||||

扫码观看夏老师
的实验教学视频

1 将气球口套在
空玻璃瓶的瓶口，
确保不漏气。

2 将套有气
球的玻璃瓶放
入盆中。

3 往盆里
倒入刚沸腾
的热水。

4 观察气球
大小的变化。

三、实验现象

原本干瘪的气球，慢慢地鼓了起来，然后越变越大。没有用嘴吹，也没有用打气筒，气球就这样"凭空"变大了。

扫描前面的二维码也可以观看实验现象哦！

四、现象解释

虽然玻璃瓶里面看起来什么都没有，但其实装了满满的一瓶空气，而空气具有热胀冷缩的特性，受热非常容易膨胀。当我们把玻璃瓶放入沸水中时，由于水的温度比较高，热量通过玻璃瓶传递给瓶子里的空气，空气受热膨胀，于是气球就被膨胀的空气给胀大了。

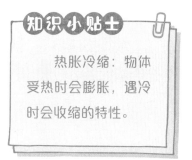

知识小贴士

热胀冷缩：物体受热时会膨胀，遇冷时会收缩的特性。

物理百科

液体温度计的原理

液体温度计细管内装有液体，液体受热以后，体积膨胀，液柱会沿着细玻璃管上升；液体遇冷以后，体积缩小，液柱会沿着细玻璃管下降。液柱的高低变化与温度有关，人们就是以此来测量温度的。

发现万有引力的牛顿

艾萨克·牛顿（简称牛顿），英国物理学家，百科全书式的"全才"，1643年出生于英格兰一个农民家庭，主要贡献是发现了牛顿三大运动定律、万有引力定律，建立了行星定律理论的基础。

牛顿从小喜欢阅读关于机械模型制作的读物，喜欢自己动手制作小玩具。19岁的牛顿考进剑桥大学，靠着为学院打杂支付学费。牛顿的第一任教授伊萨克·巴罗将自己的数学知识全部传授给牛顿，把牛顿引向了近代自然科学的研究领域。牛顿学习了亚里士多德、伽利略和笛卡尔的许多相关理论和著作，开始了动力学的研究。

1664—1666年，伦敦鼠疫流行，剑桥大学停课，牛顿到母亲生活的庄园里躲避。一天，牛顿坐在一棵苹果树下休息，突然一个苹果从树上掉下来，把他砸了个正着。他想：为什么将物体抛向空中时，最终物体总是下降？是不是有一种无形的力量在起作用？因为这个问题，牛顿提出了万有引力定律。

牛顿还创立了经典力学体系，发现了三大运动定律和光的色散原理，发明了反射式望远镜，与莱布尼茨共同发展了微积分学。

第四课 自制可乐冰沙

夏老师

炎炎夏日，喝一口冰镇可乐，那可真是过瘾！如果能再来一份冰沙，啊！还有比这更快乐的事吗！通过这节课的学习，你在家就可以制作冰爽的可乐冰沙啦！

对应知识 气压与凝固点。

一、实验准备

1瓶可乐

1台冰箱

1个碗

1个勺子

二、实验过程 ||||

扫码观看夏老师的实验教学视频

1 使劲摇晃可乐，直到明显感觉可乐瓶变硬。

2 将摇晃后的可乐放入冰箱冷冻室，并把冷冻室温度调到最低。

3 将可乐冷冻 4 小时。

4 取出可乐，打开瓶盖，轻微摇晃，将冰沙倒入碗中。

5 用勺子品尝美味冰爽的可乐冰沙。

三、实验现象

取出冷冻了 4 小时的可乐，你会发现可乐还没有结冰。打开瓶盖轻微摇晃后，可乐奇迹般地瞬间结冰，就成了可乐冰沙！

 扫描前面的二维码也可以观看实验现象哦！

四、现象解释

可乐被摇晃后，会释放大量的二氧化碳气体，使瓶内气压增大，导致可乐凝固点的温度降低，因此放入冰箱冷冻室后，可乐不会结冰。4 小时后拿出可乐打开瓶盖，里面的二氧化碳气体逸出导致气压减小，可乐的凝固点又回升到 0 摄氏度左右，而此时可乐的温度低于 0 摄氏度，于是可乐就瞬间凝固成可乐冰沙了！

知识小贴士

1. 水的凝固点：通常情况下，水的凝固点为 0 摄氏度，也就是水到了 0 摄氏度就会开始结冰。

2. 气压是影响凝固点的因素之一。比如增大气压会使水的凝固点降低，这时水就需要降低到更低的温度才能结冰。

物理百科

撒盐化雪

下大雪的冬天，道路积雪严重影响人们的出行，人们经常通过撒盐来加速雪的融化。这是因为在雪中加入盐后，盐的溶解使含盐雪水的凝固点降低，从而难以再结冰；另外混合物的熔点比纯物质低，所以加了盐的雪也就融化得更快。冬天海水结冰的温度比河水低，也是这个道理。

称量地球的卡文迪许

亨利·卡文迪许（简称卡文迪许），英国化学家、物理学家，1731 年出生于撒丁王国尼斯一个贵族家庭，主要贡献是研究了空气的组成、确定了水的成分、发现了硝酸。当时，大家都认为水是一种十分单纯的元素。卡文迪许做了很多实验，证明氢气和氧气能化合成水，因此水是一种化合物。

1798 年，卡文迪许完成了测量万有引力的扭秤实验。他对约翰·米切尔设计的装置进行了改进，将之放在一个密闭的房间里，防止了空气的扰动；他在扭秤的悬线系统上附加小平面镜，利用光的照射和反射来提高实验的灵敏度；他用一根镀银铜丝吊一根木杆，杆的两端各固定一个质量相等的小铅球，另外用两个质量相等的大铅球分别在两端同时吸引小铅球。由于万有引力的作用，扭秤

会微微偏转，但细光束所反射的远点能移动较大的距离，卡文迪许则在室外用望远镜远距离观测扭矩的变化。通过计算铅球之间的引力，他成功测出了万有引力常量 G 的数值，进而推算出了地球的质量和密度。

卡文迪许的实验结果跟现代测量结果是很接近的，它使得万有引力定律有了真正的实用价值，卡文迪许也因此成为世界上第一个称量地球的人。

第五课 自动旋转的小夜灯

夏老师

　　走马灯是一种可以自动旋转的小夜灯，是汉族的特色工艺品，也是传统节日的玩具之一，属于灯笼的一种。人们经常会在元宵、中秋等节日点亮它。因为人们常在灯笼各个面上绘制古代武将骑马的图案，灯笼转动时看起来就好像几个人你追我赶一样，故名走马灯。你想自己制作一个会自动旋转的小夜灯吗？动手试一下吧。

对应知识 热胀冷缩；密度。

一、实验准备

⚠ 建议家长协同完成，注意安全用火，以及安全使用热熔胶枪、刀具。

2个一次性纸杯

1支铅笔

1根细铁丝
（长约 20 厘米）

1把热熔胶枪

1 把美工刀

1 个打火机

1 根蜡烛
（高度低于纸杯）

1 枚圆形硬币
或游戏币

二、实验过程

扫码观看夏老师
的实验教学视频

1 在一个纸杯侧面用美工刀划开一个长方形的口子，以便放入蜡烛。

2 将铁丝弯折两次，呈"Z"形；用热熔胶将其一端固定在杯侧，并调整铁丝的形状，以便可以在正上方顶住另一个纸杯。

3 把另一个纸杯倒扣，将硬币放在杯底中间位置，并用铅笔沿着硬币画出圆形。

4 再用铅笔将圆形外围平均分成 8 份。

5 用美工刀沿着圆形外围画的 8 条等分直线划开 8 个口子，并在直线与杯底边缘的连接处继续沿着杯底边缘往同一方向划开一小段距离（不要划到相邻的等分直线），形成 8 个三角形小开窗。

6 在第一个纸杯中放入蜡烛并点燃。

7 将第二个纸杯倒扣在铁丝的另一端，使纸杯平衡。

8 关上灯静静等待。

三、实验现象

点燃蜡烛后，随着热气的升腾，上方的纸杯开始慢慢旋转起来。

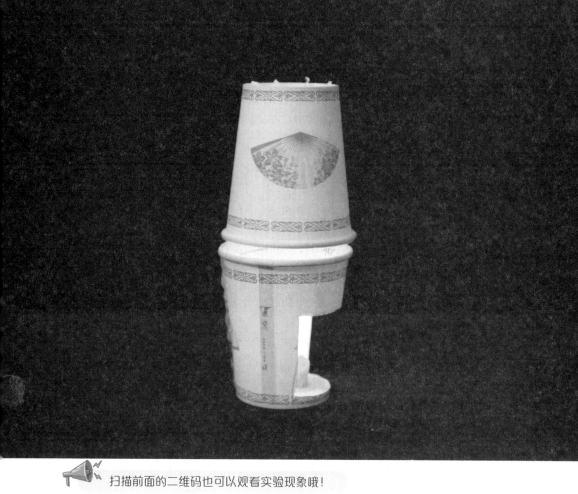

 扫描前面的二维码也可以观看实验现象哦！

四、现象解释

蜡烛被点燃后，蜡烛上方的空气因受热膨胀，密度减小，从而向上运动，形成了向上的气流，也就是我们所说的风了。这股热风从上方的纸杯的口子吹出，带动纸杯一起旋转。

知识小贴士

1. 热胀冷缩：物体受热时会膨胀，遇冷时会收缩的特性。
2. 对流：流体（如空气）内部由于各部分温度不同而造成的相对流动。
3. 空气的流动可以带动物体运动，比如风力发电的风车，就是通过风来带动风车运动，再通过发电装置发电的。

物理百科

电线杆之间的电线为什么不是绷直的

电线的主要材料是铜，比较昂贵；为了节省材料，电线本应该拉成直的。而现实中两根电线杆之间的电线都是略有下垂的，这是什么原因呢？其实金属也具有热胀冷缩的特性，如果将电线绷直，冬天金属受冷会收缩，电线会被收缩力拉断。所以人们特意让电线略微下垂，就是为了避免热胀冷缩可能导致的断裂风险。

电磁学领域的开创者库仑

查利·奥古斯丁·库仑（简称库仑），法国工程师、物理学家。1736 年出生于法国昂古莱姆，主要贡献有扭秤实验、库仑定律、库仑土压力理论等。

1777 年，库仑开始研究静电和磁力问题。当时法国科学院悬赏征求改良航海指南针中的磁针问题。库仑认为磁针支架在轴上，必然会带来摩擦，提出用细头发丝或丝线悬挂磁针。研究中，库仑确立了弹性扭转定律，并经过无数次实验，发明了一种能以极高精度测出微小之力的工具——扭秤。1785—1789 年，他用扭秤测量静电力和磁力，推导出著名的库仑定律。库仑定律使电磁学的研究从定性进入定量阶段，是电磁学史上一块重要的里程碑。同期，库仑的7卷巨著《电气与磁性》出版，他将牛顿力学引入电学与磁学，并丰富了电学与磁学的计量方法，为电磁学今后的发展奠定了稳固的基础。为了纪念他，电量（电荷量）的单位被命名为库仑（C）。

第六课 风是怎么形成的

当地上的落叶飞起来的时候，当河边的柳树枝摇曳的时候，当水波荡漾的时候，我们就知道风来了。风是大自然的精灵，那么神奇的大自然是怎么孕育出风的呢？这次实验将带你见证风的"诞生"。

对应知识 热胀冷缩；密度；对流。

一、实验准备

建议家长协同完成，注意用火安全，以及安全使用剪刀。

1根蜡烛　1个打火机　1个空食用油桶　1个空塑料瓶　1根香　1把剪刀

 二、实验过程 IIII

 扫码观看夏老师的实验教学视频

1 用剪刀将食用油桶的底部去掉，并取下瓶盖。

2 用剪刀将塑料瓶的底部去掉，并取下瓶盖。

4 将塑料瓶瓶口塞进油桶刚剪出的洞里，让它们变成一个整体。

3 在油桶底部往上大约一根蜡烛高度的桶壁上，用剪刀剪出一个洞，洞的大小与塑料瓶瓶口差不多。

5 先在塑料瓶底附近点燃香，观察烟雾的方向。

7 再次点燃香，观察烟雾的方向。

6 然后用打火机点燃蜡烛，并用油桶罩住。

三、实验现象

第一次点燃香后，烟雾的方向大致是向上飘的。把点燃的蜡烛放入油桶中后，蜡烛火焰会偏向没有洞口的一侧；再次点燃香后，一部分烟雾往塑料瓶方向飘动。

扫描前面的二维码也可以观看实验现象哦！

四、现象解释

第一次点燃香的时候，油桶内的温度和油桶外的温度相同，没有空气流动，所以香的烟雾向上飘。把点燃的蜡烛放入油桶后，油桶内部的空气因被加热变轻往上升，造成油桶内部气压变低，此时油桶外的气压高于油桶内气压，油桶外的空气就会从塑料瓶流进油桶，于是烟雾就开始随着空气往塑料瓶里面飘动了。

知识小贴士

1. 热胀冷缩：物体受热时会膨胀，遇冷时会收缩的特性。
2. 两种密度不同的液体（气体）在一起，密度较小的物质会上浮，密度较大的物质会下沉。
3. 风的形成：热空气向上运动，底部形成低压区域；冷空气向下运动，底部形成高压区域；压强差让空气从高压区向低压区流动，这样风就形成了。

 物理百科

如何轻松打开罐头

遇到很难打开的罐头，用热水浸泡一下即可轻松打开。这是因为将罐头放入热水中浸泡可以让罐内的气体温度升高，体积膨胀，内部气压升高；且罐头盖在受热后也会有所胀大。罐头在气压差和瓶盖受热膨胀的双重因素影响下，变得更容易打开了。

电池的发明者伏特

亚历山德罗·伏特（简称伏特），意大利物理学家，1745 年出生于意大利科莫一个富有的天主教家庭，主要贡献是发明了伏打电堆。

伏特在青年时期就喜欢做电学实验，他把自己能够找到的与电学相关的书都读完了。他发明了起电盘，通过观察沼泽地冒出的气泡又发现了沼气。伏特曾两次出国游历，见到了伏尔泰、拉普拉斯和拉瓦锡等，和他们共同交流和做实验，他还长期担任帕维亚大学物理学教授。

1800 年，伏特用锌片与铜片夹以盐水浸湿的纸片叠成电堆产生了电流，这个装置后来被称为伏打电堆。他发现导电体可以分为两大类：一类是金属，一类是液体。伏打电堆就是世界上最早的电池，也是现代电池的先驱。这种粗陋的电池向世界展示了如何利用金属-化学组合生电的奥秘。后人为纪念他，将电压单位命名为伏特（V）。

第二章

各种力

第一课 野外污水过滤

夏老师

如果你在野外，把带的水都提前喝完了，这将是一件非常糟糕的事，因为在野外想要找到干净的水源很困难，很大程度上得看你的运气。下面这个实验将让你掌握简易的过滤野外污水的办法，一起来试试吧！

对应知识 毛细现象。

一、实验准备

泥沙

若干纸巾

2 个空透明杯子

1 杯水

二、实验过程 ⅠⅠⅠⅠ

扫码观看夏老师
的实验教学视频

1 在一个空杯子中将泥沙与水混合。

2 取一张纸巾，折成长条。

3 将另一个空杯子和装有泥沙水的杯子靠在一起，把纸巾条的两端分别放进两个杯子中（其中一端要浸入泥沙水中）。

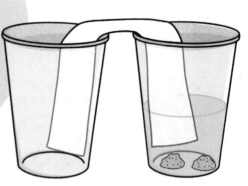

4 等待1~2小时。

三、实验现象

静置一段时间后，泥沙水通过纸巾一点点流向了空水杯，而且流进空水杯中的水比泥沙水杯里的水清澈了很多。

📢 扫描前面的二维码也可以观看实验现象哦！

四、现象解释

纸巾内含有大量的植物纤维，这些植物纤维好比一根根毛细管。纸巾一端浸在水中，不久之后，未浸入水中的部分也会变湿，这是因为水沿着纸巾中的"毛细管"上升了。这些"毛细管"直径很小，水中的泥沙不容易通过，所以泥沙水中的部分水通过"毛细管"来到了另一个杯子里，达到了一定的净化效果。

知识小贴士

毛细现象：液体沿着毛细管自动上升或下降的现象。

物理百科

植物是怎么吸取土壤养分的

在自然界和日常生活中有许多毛细现象的例子。植物茎内的导管就是极细的毛细管，植物就是靠它才能把土壤里的水分和营养吸上来。海绵和毛巾吸水也都是常见的毛细现象。不过有些情况下毛细现象是有害的。例如，建筑房屋的时候，被夯实的地基中毛细管又多又细，它们会把土壤中的水分引上来，使得室内潮湿。因此建房时在地基上面铺油毡，就是为了防止毛细现象造成的潮湿。

发明电话电报系统的高斯

约翰·卡尔·弗里德里希·高斯（简称高斯），德国数学家、物理学家、天文学家，1777年出生于德国不伦瑞克，主要贡献是提出了高斯定律。1818—1826年，高斯主导了汉诺威公国的大地测量工作，他亲自进行野外测量，白天观测，夜晚计算。在五六年间，经他亲自计算过的大地测量数据超过了100万个。

19世纪30年代，高斯发明磁强计后，辞去了天文台的工作，专心研究物理学。他与比他小27岁的韦伯，以亦师亦友的关系在电磁学领域共同工作。1833年，他通过受电磁影响的罗盘指针向韦伯发送了电报，这不仅仅是韦伯的实验室与天文台之间的第一个电话电报系统，也是世界首创。1840年，高斯和韦伯画出了世界第一张地球磁场图，而且定出了地球磁南极和磁北极的位置。

第二课 "反重力"车轮

水总是从高处往低处流，苹果熟了就会从树上掉下来，人每次起跳后总会落回地面……这是因为地球上的物体都不可避免地受到重力作用。而下面这个神奇实验似乎可以消除重力的影响，快动手试一试吧！

对应知识 进动现象；陀螺仪原理。

一、实验准备

⚠ 建议家长协同完成，注意安全使用剪刀。

1 根长杆

1 把剪刀

1 个自行车车轮

2 条塑料绳
（长度大于车轮直径）

2 个小伙伴

二、实验过程 ||||

扫码观看夏老师
的实验教学视频

1 将两条塑料绳分别打结，形成两个大小一样的圈。

2 把两个绳圈挂在长杆上，两个小伙伴分别手持长杆的两端，保持水平。

3 将自行车车轮的车轴两侧分别搭在两个绳圈上。

4 用力旋转自行车车轮，使车轮绕车轴高速旋转。

5 在车轮高速旋转时，用剪刀剪断其中一个绳圈。

三、实验现象

自行车车轮在两个绳圈上高速旋转，剪断一根绳子后，失去一侧支撑的自行车车轮不仅没有因为重力掉下来，而且还可以继续保持高速旋转。

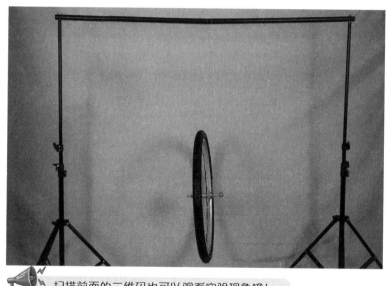

扫描前面的二维码也可以观看实验现象哦!

四、现象解释

旋转的车轮在失去一侧支撑后自己悬空，其实并不是反重力现象，这在物理学里叫进动现象。自转速度越快，稳定性越高，越不容易掉下来。这就像陀螺一样，自转速度越快稳定性越高。

知识小贴士

1. 陀螺仪原理：一个旋转物体的旋转轴所指的方向在不受外力影响时，是不会改变的。

2. 在现实生活中，陀螺仪发生的进动现象是在重力力矩的作用下发生的。

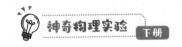

怎样用石头打更远的水漂

在河边拿石头打水漂是一项非常有趣的游戏，那怎样才能把石头打得更远呢？首先，选材很重要，要尽量找比较扁的石头。其次，要注意扔的方法，根据陀螺旋转的规律，物体自转速度越快，物体就会越稳定，所以想要让石头漂得更远，就需要在石头脱手的瞬间，手指用力将其旋转着扔出，这样石头在运动的过程中就可以保持一定的稳定性。再次，要把握扔的角度，为了更好地被水面反弹而不沉下去，石头与水面的角度应尽量接近 20 度。做到以上三点，你打的水漂一定比你想象的更远。

发现电与磁关系的奥斯特

汉斯·克海斯提安·奥斯特（简称奥斯特），丹麦物理学家、化学家，1777 年出生于丹麦兰格朗岛一个药剂师家庭。他从小在父亲药房里帮忙干活并坚持学习化学，17 岁考入哥本哈根大学学习医学和自然科学。

奥斯特一直相信电、磁、光、热等现象相互存在内在的联系。1819—1820 年，奥斯特主讲和研究电磁关系。1820 年的一天，在奥斯特的讲课快要结束时，他抱着尝试的心态用导线接通电池，突然发现放在电池旁边的磁针摆动了一下。尽管使用的电流很小，磁针的摆动不太明显，奥斯特却激动万分。就这样，他意外地发现了载流导线的电流会作用于磁针，使磁针改变方向。

之后，他又做了很多实验，发现磁针在电流周围都会偏转；把磁针放在导线的上方和导线的下方，磁针偏转方向相反；在导体和磁针之间放置非磁性物质，例如木头、玻璃等，不会影响磁针的偏转。这就是奥斯特实验发现的电流的磁效应，奥斯特因此成为第一个发现电与磁关系的人。

第三课 "会听指令"的旋转椅

夏老师

有一个很有趣的问题：假设你正在椅子上旋转，双腿离地，在不碰外界物体或借助外力的情况下，你能让自己的转速加快或减慢吗？试试下面这个实验。

对应知识 角动量守恒。

一、实验准备

⚠️ 建议家长协同完成，谨防跌落摔伤。

1 把旋转椅

2 份重物（大瓶洗衣液或哑铃等）

1 个小伙伴

二、实验过程 ▓

扫码观看夏老师
的实验教学视频

1
让小伙伴坐在
旋转椅上，双手各
拿一瓶洗衣液。

2
先将两
大瓶洗衣液
放在胸前。

3
你用力将旋
转椅连同小伙伴
旋转起来。

4
坐在椅子上
的小伙伴拿着洗
衣液双臂展开。

5
再将双手
收回胸前。

6
重复步骤 4
和步骤 5 的动
作，直到旋转椅
停止旋转。

三、实验现象

坐在椅子上的小伙伴拿着重物张开手臂后，旋转速度立刻下降；当双手收回胸前，旋转速度又明显加快。

 扫描前面的二维码也可以观看实验现象哦！

四、现象解释

一个正在自转的物体，质量分布越靠近转轴中心，旋转速度越快；质量分布越远离转轴中心，旋转速度越慢。

> **知识小贴士**
>
> 角动量守恒：合外力矩为零的情况下，物体的角动量守恒。

物理百科

花样滑冰运动员如何控制旋转速度

花样滑冰是一项艺术性和观赏性极高的冰上运动。在运动员展示旋转动作时，如果想加快旋转，他就会把双手和双腿合拢，让自身的质量分布尽可能靠近中心；当运动员想慢下来时，他就会通过伸展手臂和腿的动作，让自己的质量分布远离中心。

利用这一旋转规律的运动还有很多，比如跳水。当跳水运动员下落时，首先会在空中将手臂和腿蜷缩起来，使得质量分布靠近转轴，从而获得更大的自转速度；在快入水时，又将手臂和腿伸展开，减小转速，保证以一定方向入水。

发现电流与电压关系的欧姆

乔治·西蒙·欧姆（简称欧姆），德国物理学家，1789 年出生于德国埃尔朗根的一个锁匠世家，主要贡献是发现了欧姆定律。

虽然欧姆家境困难，中途辍学，但他还是努力完成了博士学业。欧姆曾在几所中学任教，由于缺少资料和仪器，他常常自己动手制作仪器。虽然研究工作开展得很艰难，但他始终坚持不懈地进行科学研究。

欧姆通过研究库仑的扭秤实验、伏特关于电池的发明、安培关于电流强度的概念等，并经过大量的实验、推理、计算，最终

于 1826 年发现了电阻中电流与电压的正比关系，即著名的欧姆定律。他还证明了导体的电阻与其长度成正比，与其横截面积和传导系数成反比；以及在稳定电流的情况下，电荷不仅在导体的表面上，而且在导体的整个截面上运动。为了纪念他，1881年，国际电学大会将电阻的单位定为欧姆（Ω）。

第四课 制作降落伞

如何保护一个在空中极速下落的物体呢？最佳方案或许是给它装备一个降落伞，因为降落伞能极大地增加空气阻力，降低下落速度，让物体以比较安全的速度落地。下面的实验将带你制作一个简易的降落伞，来探索空气阻力的奥秘。

对应知识 空气阻力；自由落体。

一、实验准备

⚠ 选取空旷人少的地点进行实验，谨防高空坠物伤人；注意安全使用剪刀。

1个大塑料袋

1份重物
（橡皮或钥匙等）

1根棉线
（长约4米）

若干橡皮筋

1卷胶带

1把剪刀

二、实验过程 ||||

扫码观看夏老师的实验教学视频

1

用剪刀将塑料袋剪成正八角形，再剪出 4 根长度为八角形对角线 2 倍的棉线。

2

将 4 根棉线分别连接八角形的对角，并用胶带粘住。

3

用橡皮筋把 4 根棉线的中心连接点扎起来。

4 再用橡皮筋把重物和棉线的中心连接点连接到一起。

5 把塑料袋和重物叠在一起，抛向空中。

三、实验现象

物体被抛向空中下降一小段距离后，塑料袋展开，形成了重物的小降落伞，从空中缓缓地落向地面。

扫描前面的二维码也可以观看实验现象哦！

四、现象解释

一般来说，在空中下落的物体，大部分时间内速度会越来越快，到达地面时速度过大，容易发生损坏。绑上塑料袋后，塑料袋在这里充当了重物的降落伞，降落伞利用比较大的伞面积增加了物体下落时的阻力，减缓了下落速度，将下降到地面的速度控制在物体能够承受的速度范围内。

知识小贴士

物体在空中下落的速度跟物体受到的空气阻力有关。一般来说，物体下降时受到阻力越大，下落速度越慢。

物理百科

为什么高铁都是"子弹头"

将高铁的头部设计成子弹头形状，并不只是为了好看，这背后包含了空气动力的物理知识。列车高速运行时，遇到的最大对手之一就是空气阻力。列车速度越快，受到的空气阻力就越大。当列车每小时行驶 200 千米以上时，空气阻力甚至可以占列车行驶受到的全部阻力的 75% 以上。而将车头设计成子弹头的形状，可以减小列车受到的空气阻力，呈流线型的车身能让列车速度更快也更平稳。除高铁外，跑车和飞机的头部及身体也被设计成类似的流线型。

发现电流自感现象的亨利

约瑟夫·亨利（简称亨利），美国物理学家，1797 年出生于美国纽约州一个工人家庭，主要贡献是发明了继电器（电报的雏形），发现了电磁感应现象和电子自动打火的原理。

1829 年，亨利对威廉·史特京发明的电磁铁做了改进，他把导线用丝绸裹起来代替威廉·史特京的裸线，使导线互相绝缘，并且在铁块外缠绕了好几层，使电磁铁的吸引作用大大增强。后来他制作的一个体积不大的电磁铁，竟然能吸起一吨重的铁块。亨利对缠绕有不同长度导线的各种电磁铁的提举力做了比较实验。他发现通有电流的线圈在断路的时候有电火花产生。1832 年他发表论文宣布发现了电的自感现象。

1837 年，亨利访问了欧洲，与法拉第在电磁研究方面做了很多交流。亨利提出了重要的自感定律，电子自动打火装置就是根据这个定律发明的。为了纪念他，电感的单位用亨利（H）命名。

第五课 坚韧的泡泡

夏老师

　　我们都吹过肥皂泡，看到空中飘荡的肥皂泡，总是忍不住去触碰，但是脆弱的泡泡总是一碰就破。在下面的实验中，夏老师将带你制作一个不仅能碰而且还可以在手上反复弹跳的泡泡。

对应知识 液体表面张力。

一、实验准备

⚠ 建议家长协同完成，注意安全使用剪刀。

半杯水

洗洁精
1瓶洗洁精

糖
1袋白砂糖

1只干净的袜子

1把剪刀

1根吸管

1根筷子

二、实验过程 ▮▮▮▮

扫码观看夏老师的实验教学视频

1 在水中加入5泵洗洁精和1勺白砂糖。

2 用筷子将洗洁精和白砂糖充分搅拌均匀，调制成一杯泡泡水。

3 将吸管一端剪成花状。

4 用吸管被剪成花状的一端沾上泡泡水，然后用嘴在吸管另一端开始缓慢吹气，直至吹出完整泡泡。

5 把袜子套在手上。

6 用套了袜子的手从下往上轻拍泡泡。

三、实验现象 🧲

吹出的泡泡看起来和普通泡泡没什么不一样，但却可以在套了袜子的手上反复弹跳，不容易破，非常坚韧！

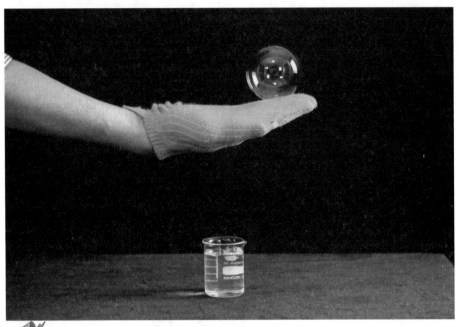

📢 扫描前面的二维码也可以观看实验现象哦！

四、现象解释 🔺

原本一碰就破的泡泡为什么会变得这么坚韧呢？这是因为在泡泡水里加糖可以增大泡泡水的液体表面张力，液体表面张力越大，形成球形时就越不容易破裂，甚至可以在干燥的袜子上反复弹跳。

知识小贴士

液体表面张力：作用于液体表面，使液体表面积缩小的力。

物理百科

肥皂泡有多薄

我们通常会用成语"薄如蝉翼"来形容东西很单薄，但如果把蝉翼与肥皂泡的薄膜相比，就是"小巫见大巫"了。很多人不知道，肥皂泡是人类裸眼能看到的最薄的东西之一，其薄膜的厚度大约仅有人类一根头发直径的两百分之一。由此可见，看似普通的肥皂泡，其实一点也不普通。

发明电功率表的韦伯

威廉·爱德华·韦伯（简称韦伯），德国物理学家，1804 年出生于德国维滕贝格，主要贡献是发明了双线电流表、电功率表、地磁感应器等。

1828 年，韦伯和哥哥一起参加了德国自然科学学者和医生协会的第 17 次大会，他的演讲给德国著名数学家高斯留下了深刻的印象。后来在哥廷根，韦伯与高斯结下了深厚的友谊，他们共事多年，合作研究地磁学和电磁学。他们用惊人的耐心，在哥廷根市上空搭建了两条铜线，构建了第一台电磁电报机，并在 1833 年的复活节，实现了物理研究所到天文台之间距离约 1.5 千米的电报通信。

第六课 极限拉扯

夏老师

给你一根纸条，中间夹一个夹子，然后用手呈竖直方向去扯断它，你可以控制纸条断裂的位置吗？你可能会觉得纸条断裂位置应该是随机的。试试下面这个实验，或许你就可以自如地控制纸条断裂的位置了。

对应知识 惯性；受力分析。

一、实验准备

⚠ 建议家长协同完成，注意安全使用刀具。

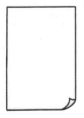

1 张 A4 纸

1 把美工刀

1 个不锈钢夹子

二、实验过程 ||||

扫码观看夏老师
的实验教学视频

1 用美工刀
将 A4 纸裁成
若干长纸条。

2 用夹子夹住
一张纸条的中间
部分。

3 一只手捏住
纸条上端，另一
只手拉住下端。

4 快速拉纸
条，观察哪部
分纸条断开。

5 更换新纸条。

6 缓慢拉纸
条，观察哪部
分纸条断开。

三、实验现象

快速拉纸条时,下半部分的纸条先断开;缓慢拉纸条时,上半部分的纸条先断开。

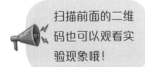 扫描前面的二维码也可以观看实验现象哦!

四、现象解释

这是一个受力平衡问题。快速拉纸条时,下半部分在极短时间内受到的拉力很大,上半部分因为夹子的质量较大,速度变化很小,所以下半部分断。缓慢拉纸条时,整个纸条各部分受到同样大小的力,但上半部分还受到夹子对它的拉力,因此上半部分受到的力大于下半部分受到的力,所以上半部分断。

知识小贴士

1. 惯性:一切物体都有保持原来运动状态不变的性质。
2. 物体惯性大小跟物体质量有关,物体质量越大惯性越大,物体质量越小惯性越小。

物理百科

在匀速行驶的列车上向上跳能否落回原地

起跳前，人跟列车一起向前做匀速直线运动。起跳后，由于人具有惯性，就会保持原来的匀速直线运动状态，也就是说在水平方向上，腾空的人与列车的运行速度还是一样的，人仍然以与列车相同的速度向前运动着。对列车来说，人就相当于竖直向上跳了一下，所以人落下的时候会落到原来的起跳点。

测量出热功当量值的焦耳

詹姆斯·普雷斯科特·焦耳（简称焦耳），英国物理学家，1818 年出生于英国曼彻斯特近郊一个经营啤酒厂的家庭，主要贡献是发现了焦耳定律。焦耳自小体弱，没有受过正规的学校教育。为了帮助父亲提高酿酒效率，1837 年，焦耳自主研发了用电池驱动的电磁机，并发表了相关论文，引起了人们的注意。青年时期，焦耳认识了著名的化学家道尔顿。道尔顿热情地向他传授了数学和化学等方面的知识，教会了焦耳使用理论与实践相结合的科研方法。

焦耳研究电学和磁学，他提出的焦耳定律为电路照明设计、电热设备设计和计算电力设备的发热提供了依据。在这一研究领域上，焦耳用各种方法进行了 400 多次实验，精确地测量出热功当量值为 1 卡 = 4.15 焦耳（接近目前采用的 1 卡 = 4.184 焦耳），进一步证明了能量的转化和守恒定律是客观真理。后人为了纪念他，把能量或功的单位命名为焦耳（J）。

第七课 坚强的鸡蛋

夏老师

让生鸡蛋从一米高的地方自由下落，结果会怎么样？因为鸡蛋很脆弱，从一米高的地方落下来肯定会破碎。不过下面这个实验，却可以让你放心大胆地将鸡蛋从高处释放，快试试吧！

对应知识 缓冲。

一、实验准备

1个装有三分之一
水的一次性纸杯

1枚生鸡蛋

二、实验过程 ‖‖

扫码观看夏老师的实验教学视频

1 将鸡蛋放入装有三分之一水的纸杯中。

2 在水平地面上，拿着装有鸡蛋的纸杯，从肩膀高度处释放。

三、实验现象 🧲

在做了一段自由落体后，装有水和鸡蛋的纸杯落到了地面上。杯中的鸡蛋竟然完好无损！

📢 扫描前面的二维码也可以观看实验现象哦！

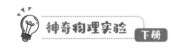

四、现象解释

　　鸡蛋单独落到地面会破碎，但放在水杯里再落到地面却完好无损，这两种情况的主要区别在于撞击力的作用时长不同。鸡蛋单独落到地面时，碰撞时间短，撞击力较大，超过了蛋壳的承受范围；而鸡蛋放在水杯里再落到地面时，鸡蛋在水中得到了缓冲，延长了撞击时间，大幅度减小了撞击力，没有超过蛋壳的承受范围，所以鸡蛋完好无损。

> **知识小贴士**
>
> 　　缓冲：一个物体以一定速度与外物发生撞击时，碰撞时间越短，撞击力越大，破坏力越大；碰撞时间越长，撞击力越小，破坏力越小。

行车安全的守护神——安全气囊

　　撞击的损伤程度在一定程度上由撞击力和撞击时间决定。在发生车祸时，安全气囊可以避免驾乘人员身体与坚硬的车身内部相撞，而替换成与气囊相撞，大大延长了撞击时间，从而减小撞击的损伤，起到一定程度的保护作用。

"现代热力学之父" 开尔文

开尔文，原名威廉·汤姆森，英国物理学家，1824年出生于爱尔兰贝尔法斯特，主要贡献是在电磁学和热力学方面。

开尔文17岁进入剑桥大学，22岁就成了格拉斯哥大学自然哲学（即物理学）教授。当年轻的开尔文提出要一间实验室时，老教授们惊呆了，因为他们都是在教室里做实验的，最后他们同意把地窖给开尔文当实验室，这也是英国的第一所现代实验室。

1848年，开尔文定义了绝对零度，也就是 −273.15 摄氏度，他把绝对零度作为零点，设立了绝对温标即热力学温标，这使得生活中人们能接触到的温度都成为正值。1851年，开尔文阐述了热力学第二定律，紧接着又和焦耳合作，发现了焦耳−汤姆森效应，这一发现被广泛地应用到低温技术中。此外，开尔文还制成了绝对静电计、镜式电流计等多种精密测量仪器。国际单位制中的温度单位开尔文（K），就是以"现代热力学之父"开尔文命名的。

第三章

密度

第一课 火灾中为何要匍匐前进

夏老师

消防员告诉我们，家中发生火灾时，不能像平时一样奔跑，而是要尽量弯腰，蹲着前进或匍匐前进。这是为什么呢？我们用实验来模拟一下吧！

对应知识 热胀冷缩；密度。

一、实验准备

⚠️ 建议家长协同完成，注意用火安全。

1个大烧杯

2根长短不同的蜡烛

1个打火机

二、实验过程 ||||

扫码观看夏老师的实验教学视频

1 点燃两根长短不同的蜡烛，用蜡油并排固定在水平桌面。

2 用大烧杯罩住两根燃烧中的蜡烛。

3 静置，观察，看哪根蜡烛先熄灭。

三、实验现象 🧲

长蜡烛逐渐熄灭了，短蜡烛却还在燃烧！过了一段时间后，短蜡烛才渐渐熄灭。

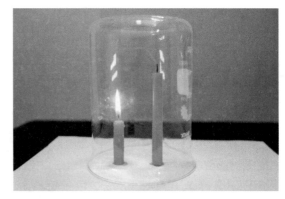

 扫描前面的二维码也可以观看实验现象哦！

四、现象解释

蜡烛燃烧需要消耗氧气，当氧气浓度过低时，蜡烛便会因为氧气不足而熄灭。这个实验中，蜡烛燃烧会释放二氧化碳，而二氧化碳比空气重，理论上应该下沉积聚在容器下方，导致短蜡烛先熄灭，但实验现象却是相反的，这是为什么呢？

其实"二氧化碳比空气重"的前提是温度相同，蜡烛燃烧产生的二氧化碳是高温气体，由于热胀冷缩的特性，此时二氧化碳比空气轻，因此容易积聚在容器上方，所以长蜡烛就先熄灭了。仔细观察，你会发现长蜡烛熄灭后产生的白烟也是上升的。

知识小贴士

1. 热胀冷缩：物体受热时会膨胀，遇冷时会收缩的特性。
2. 发生火灾如何逃生：火灾发生时会产生大量有毒气体，这些气体由于温度较高，会先往上飘，从而积聚在室内上方，室内下方则会有相对更多的氧气。所以我们采取弯腰或匍匐前进的方式，可以让自己少吸入有毒气体，避免被有毒气体呛晕，提高逃生概率。

物理百科

踩扁的乒乓球复原

乒乓球被踩扁后，放在热水中烫一烫，就可以复原。这是因为乒乓球里面的气体受热体积增大，从而把乒乓球胀回原样。

把电、磁和光统一起来的麦克斯韦

詹姆斯·克拉克·麦克斯韦（简称麦克斯韦），英国物理学家、数学家，1831 年出生于苏格兰，主要贡献是建立了麦克斯韦方程组。

麦克斯韦从小喜欢自然科学，父亲经常教他学几何和代数。16 岁时，麦克斯韦就进入爱丁堡大学，这里有两个人对他影响深远：一是物理学家和登山家福布斯，二是逻辑学和形而上学教授哈密顿。

麦克斯韦设想了一个无影无形的精灵即麦克斯韦妖，它处在一个盒子中的一道闸门边，它允许速度快的微粒通过闸门到达盒子的一边，并允许速度慢的微粒通过闸门到达盒子的另一边。这样在一段时间后，盒子两边产生温差。麦克斯韦妖其实就是耗散结构的一个雏形。1865 年，麦克斯韦写下了麦克斯韦方程组，这不仅仅是光的方程，实际上是把所有的电磁理论都放在一个漂亮的方程组里，通过相互关联的电场和磁场来描述它们。麦克斯韦建立的电磁场理论，将电学、磁学、光学统一起来，是 19 世纪物理学发展的最光辉的成果，也是科学史上最伟大的综合之一。

第二课 向下流淌的烟

我们平时看到的烟大多都是向上飘的，比如炒菜时的油烟、烟囱冒出的黑烟等。你相信烟还可以向下沉吗？我们来试一试！

夏老师

对应知识 质量与密度。

一、实验准备

⚠ 建议家长协同完成，注意用火安全。

1支笔

1个打火机

若干纸巾

1把钳子

2个玻璃杯

二、实验过程 ||||

扫码观看夏老师
的实验教学视频

1 用纸包着笔，卷成长纸筒。

2 把纸筒的下端卡在钳子的缝隙里。

3 把钳子搁在两个杯子上，使纸筒的下端位于一个杯口内，并使纸筒微微倾斜。

4 用打火机点燃纸筒的上端。

三、实验现象

你很快就会看到：纸筒的下端有白色的烟雾冒出来，并向下沉；拿起这个杯子，你甚至可以将烟雾像水一样倒出来！

 扫描前面的二维码也可以观看实验现象哦！

四、现象解释

仔细观察，你会发现纸筒上端的烟还是向上飘的，那为什么纸筒下端的烟却向下沉呢？这两种烟不一样吗？不，其实烟雾本身并没有什么不同。纸筒上端燃烧时，被加热的空气由于密度小，会带着热的烟雾颗粒一起向上飘；与此同时，纸筒内部的空气还比较冷，相同体积的冷空气比热空气重，而烟雾颗粒本身也比空气重，所以纸筒内部的冷的烟雾颗粒就会下沉。

知识小贴士

在我们生活中，热的空气因为密度较小，比较轻盈，会向上运动；冷的空气因为密度较大，会向下运动。

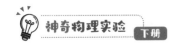

 物理百科

空调与暖气片

南方夏天用的制冷空调都挂在房间的上方，而北方冬天用的暖气片都放在房间的下方。这其实就是利用了密度原理。夏天，空调吹出的冷气会因为密度大而向下沉，冷气会从上面流下来，从而使房间内的空气快速降温；暖气片放在低处则是因为密度减小的热空气会从低处向上升起。

改良白炽灯的爱迪生

托马斯·阿尔瓦·爱迪生（简称爱迪生），美国发明家、物理学家，1847 年出生于美国俄亥俄州，主要贡献是发明了留声机和改良了白炽灯，发明专利超过 2000 项，被誉为"世界发明大王"。

早在 1821 年，英国科学家戴维和法拉第就发明了用炭棒作灯丝的弧光灯；但弧光灯很刺眼，不实用。爱迪生决定研制光线柔和且实用的电灯。从金属丝到胡子、头发，再到棉线、竹丝，爱迪生几乎把什么材料都拿来实验，先后试验了 1600 多种耐热材料和 6000 多种植物纤维，经过无数次的实验和无数次的失败，最后发现竹子纤维经碳化后做成的灯丝，寿命可达 1200 小时。就这样，爱迪生终于在 1879 年 10 月成功制成了以碳化纤维作为灯丝的白炽灯泡。从此之后，电灯进入了平常百姓家。

第三课 **悬浮的泡泡**

夏老师

我们平时用泡泡水吹出的泡泡，常常是先在空中上升，然后又慢慢地下降。如果要你挑战吹一个能悬浮在空中不下落的泡泡，你能做到吗？这听起来很难，但下面的实验或许可以帮助你完成这个挑战。

对应知识 密度。

一、实验准备

1袋小苏打　　1瓶白醋　　1杯泡泡水　　1个玻璃槽　　1根吸管

二、实验过程 ‖‖

扫码观看夏老师的实验教学视频

1

在玻璃槽中倒入小苏打，均匀铺在玻璃槽底部，再倒入一些白醋。

2

拿出事先调制好的泡泡水（泡泡水制作方式详见《坚韧的泡泡》一课），用吸管小心地在玻璃槽上方吹出泡泡。

三、实验现象 🧲

倒入白醋后，可以看到小苏打在冒气泡；吹入泡泡后，泡泡神奇地悬浮在玻璃槽内的空气中。

扫描前面的二维码也可以观看实验现象哦！

四、现象解释

小苏打和白醋反应生成二氧化碳气体，二氧化碳气体比空气重，于是下沉，充满玻璃槽的底部。吹出的泡泡比空气重，但比二氧化碳气体轻，于是就像船浮在水面上一样，浮在了看不见的二氧化碳气体上。

知识小贴士

在我们的生活中，密度大的物体通常容易向下运动，密度较小的物质容易向上运动。

物理百科

为什么铁造的船可以浮在水面上

铁块被扔到水里会下沉，铁造的船却可以浮在水面上，这是怎么回事？这其实是因为船的平均密度比水小。船虽然是钢铁做的，但由于内部是空心的，整艘船的平均密度大大减小，小于水的密度，自然就可以浮在水面上了。但如果船漏水，空心的部分被水填满，船还是会沉的。

用实验证明了电磁波存在的赫兹

海因里希·鲁道夫·赫兹（简称赫兹），德国物理学家，1857 年出生于德国汉堡一个犹太家庭，主要贡献是证明了电磁波的存在，并测出电磁波传播的速度跟光速相同。

赫兹在少年时期就被光学和力学实验所吸引。1885 年，赫兹转到德国西南部边境的一个技术学院担任物理系教授。小学校的实验经费少得可怜，他却一点一滴地造出了一间精密的电磁实验室。其实赫兹早在柏林大学学习物理时，当时德国物理界深信韦伯的电力与磁力可瞬时传送的理论，于是赫兹决定以实验来验证韦伯与麦克斯韦谁的理论正确。

经过反复的实验，赫兹终于成功了，并于 1888 年将实验成果正式公布。他确认了电磁波是横波，存在与光相似的特征，如反射、折射、衍射等，从而全面验证了麦克斯韦的电磁理论的正确性。赫兹实验的公布，轰动了全世界的科学界。由法拉第开创、麦克斯韦总结的电磁理论，至此才获得决定性的成功。为了纪念赫兹，国际单位制中频率的单位被命名为赫兹（Hz）。

第四课 一起来看七色雨

你见过彩色的雨吗？在生活中自然是看不到的，但我们通过物理实验可以看到。继续跟着夏老师的步伐，一起来看看彩色的雨长什么样吧！

对应知识 密度。

一、实验准备

1根搅拌棒

1个装有半杯食用油的玻璃杯

1个装有半杯水的玻璃杯

色素 色素 色素 色素 色素 色素 色素

若干不同颜色的食用色素

二、实验过程 ||||

扫码观看夏老师的实验教学视频

1 在装有食用油的杯中滴入一些颜色不同的食用色素。

2 用搅拌棒搅拌一下，稍微打散这些色素。

3 将食用油和色素的混合液体倒入装有水的玻璃杯中。

三、实验现象

将食用油和色素的混合液体倒入装有水的玻璃杯中后，过了一会儿，食用油浮在水面，食用色素则会下沉，下沉到水和油的分界面时，便开始溶解进水中，形成像彩虹一样的"雨"！

 扫描前面的二维码也可以观看实验现象哦！

四、现象解释

食用色素密度比油大，而且不溶于油，所以滴入的食用色素在食用油里是一个一个的球状，而且不会漂浮在油面上。把食用油和色素的混合液体倒入水中时，食用油因为密度比水小，而且互不溶解，会浮在水的上面；而食用色素的密度比水和油都大，所以会从油中下沉到水里，但由于食用色素可以溶于水，因此色素会边下落边溶解，于是就形成了美丽的"彩虹雨"。

知识小贴士

1. 两种不同的液体（气体）放在一起，密度较大的液体（气体）容易往下沉，密度较小的液体（气体）容易上浮。
2. 油的密度比水小。
3. 油和水互不相溶。

物理百科

洗洁精为什么可以去油污

由于油和水不能溶在一起，所以带油的盘子用清水很难洗干净。那为什么用了洗洁精之后就可以去除油污呢？这是因为洗洁精的主要成分是表面活性剂，这个表面活性剂的作用类似于一个"和事佬"，它的分子结构一端与水亲近，一端与油亲近，于是表面活性剂就可以同时与油和水结合，最后一起随着水流被冲走了。

提出量子假说的普朗克

马克斯·普朗克（简称普朗克），德国物理学家和量子力学的重要创始人之一，1858 年出生于德国一个传统知识分子家庭，主要贡献是提出了"能量量子化"，创立了量子理论。普朗克读中学时，受到数学家奥斯卡·冯·米勒的启发和引导，对数理方面产生了兴趣。普朗克进入慕尼黑大学后，从数学专业改读物理学专业。

1900 年，普朗克提出量子假说，并引入普朗克常数。他认为物体的能量变化不是连续的，而是可以分成很多小份，每一份称为一个量子。这个假说是量子力学的基础之一，普朗克因此在 1918 年获得诺贝尔物理学奖。但是，普朗克却不喜欢自己这一伟大的成就，因为量子假说引起了经典物理学的危机，普朗克不愿意推翻经典物理学。通过不断地探索与研究，最后他不得不承认量子力学的正确性，并留下普朗克科学定律。

第五课 "彩虹"饮料

夏老师

光可以让我们看见美丽的彩虹，而接下来的这个实验，可以让你喝到"彩虹"！快跟着夏老师一起做下面的实验吧！

对应知识 密度。

一、实验准备

1瓶果
葡糖浆

1瓶橙汁

1瓶无渣红色饮料
（如樱桃汁）

1瓶无色
气泡水

1根吸管

1个勺子

若干冰块

1个高脚玻璃杯

二、实验过程 ‖‖

扫码观看夏老师
的实验教学视频

1 先在高脚
玻璃杯中加入
橙汁。

2 再加入
果葡糖浆并
充分搅拌。

3 加入几
块冰块。

橙汁　果葡糖浆

4 用勺子引
流，缓慢倒入
樱桃汁。

5 用勺子引
流，缓慢倒入
无色气泡水。

樱桃汁

6

将吸管插入饮料中，一杯"彩虹"饮料就制作完成了。

三、实验现象

层次分明的"彩虹"饮料就这样诞生啦！

扫描前面的二维码也可以观看实验现象哦！

四、现象解释

密度越大的物质越容易往下沉，密度越小的物质越容易浮起来。底层橙汁与果葡糖浆混合之后，密度最大；加入冰块后倒入樱桃汁，密度会比橙汁略小；最后倒入的气泡水，因为含有大量二氧化碳，密度最小，所以可以浮在最上层。

知识小贴士

两种不同的液体（气体）放在一起，密度较大的液体（气体）容易往下沉，密度较小的液体（气体）容易上浮。

物理百科

吹出来的肥皂泡为什么会先上升后下降

吹泡泡的时候，体内呼出的是温暖的气体，高于外界空气的温度，密度比空气小，所以会上升。过了一会儿，当呼出气体的温度下降到和空气温度差不多时，则密度相同，泡泡会因为自身重力而下降。

发现原子核的卢瑟福

欧内斯特·卢瑟福（简称卢瑟福），英国物理学家，1871年出生于新西兰一个手工业工人家庭，主要贡献是提出了放射性半衰期的概念，证实了放射性从一个元素到另一个元素的演变。

卢瑟福从小家境贫寒，生活十分困苦。在大学期间，卢瑟福一直靠奖学金完成学业。大学毕业后，他来到剑桥大学卡文迪许实验室实习，成为物理学家汤姆孙的学生和助手。

19世纪末，物理学界有三大发现：X射线、放射线、电子。这激励了卢瑟福对原子结构进行深入研究。他设计了一个实验：在一个铅块上钻一个小孔，孔内放一点镭，使射线只能从这个小孔发出；随后将射线引入磁场中，一束射线立即分成三股，他将它们分别命名为 α 射线、β 射线、γ 射线。1907年他回到英国曼彻斯特大学任教，第二年他就证明了放射性是原子的自然衰变，并因此获得诺贝尔化学奖。后来，他证明原子是由带负电的电子环绕带正电的原子核所组成的，并证明了氮原子核会被快速的α粒子撞击而分裂，并放出氧原子核，卢瑟福因此成为第一个改变元素的人。为纪念他，第104号元素被命名为"铲"。1919年起，卢瑟福担任剑桥大学卡文迪许实验室主任，在这里培养了包括玻尔在内的十多位诺贝尔奖得主。

第四章

能量

第一课 把"云"装进瓶子里

夏老师

有时候，天上的白云如同在牛奶中洗过一般，像一块块棉花糖在天空中飘荡。要是能把云摘下来就好了，哪怕是摘一小片也行。什么？白日做梦？试试下面这个实验，说不定还真可以！

对应知识 液化；做功；内能。

一、实验准备

1瓶医用酒精

1个大塑料瓶
（容量为1升以上）

1个打气筒

1个橡胶塞
（塑料瓶瓶口直径介于橡胶塞上、下直径之间）

二、实验过程 ||||

扫码观看夏老师
的实验教学视频

1 往大塑料瓶中倒入约 10 毫升医用酒精。

2 使劲摇晃塑料瓶。

4 用橡胶塞堵住瓶口并用手压紧，保证密闭。

3 把打气筒的气针插入橡胶塞中。

5 使用打气筒往瓶中打气。

6 最后拔出橡胶塞。

三、实验现象

拔出橡胶塞的一瞬间，你就获得了一整瓶的"云"啦！

📢 扫描前面的二维码也可以观看实验现象哦！

四、现象解释

塑料瓶内充满酒精气体，用打气筒给塑料瓶打气，增加了瓶子内部的气压；拔出橡胶塞的瞬间，瓶内气体迅速冲出，对外做功，使得瓶内气体温度骤降，瓶内空气中的酒精气体和水蒸气遇冷迅速液化形成小液滴。这无数个小液滴就形成了我们所看到的"云"。

知识小贴士

1. 液化：物质由气态变成液态的过程。
2. 气体遇冷，降到一定温度时，会发生液化现象。
3. 物体对外做功，自身内能减小。

物理百科

会"出汗"的饮料

夏天，外界空气中的水蒸气温度较高，冰箱取出的饮料瓶温度较低，热的水蒸气遇到冷的饮料瓶壁，会液化形成小水珠附着在饮料瓶外壁上，看起来就像出汗了一样。

创立相对论的爱因斯坦

阿尔伯特·爱因斯坦（简称爱因斯坦），美国和瑞士双国籍物理学家，1879 年，爱因斯坦出生于德国一个犹太人家庭，主要贡献是提出相对论、光电效应、能量守恒定律、宇宙常数。

小时候的爱因斯坦不太会说话，被大家误认为是一个智障儿。四五岁时，父亲送给爱因斯坦一个玩具罗盘，罗盘中间有一根指北针总是顽固地指向北方。爸爸告诉他："是地球的磁力让指针一直指向北方。""什么是磁力？它究竟藏在哪里？为什么我看不见也摸不着？"小小的罗盘，给爱因斯坦的世界打开了一扇通往科学的大门。爱因斯坦对数学有着狂热的喜爱，12 岁自学欧几里得几何，16 岁就自学完了微积分。

爱因斯坦最有名的研究成果是相对论，电影《星际穿越》中主角在米勒行星上度过的一小时相当于地球上的七年，依据的就是相对论。狭义相对论说明了速度越快时间越慢，广义相对论则表明在强引力场下时间的流逝速度也会变慢，通俗地说就是黑洞周围的时间要比地球上的时间过得慢。

第二课 会爬坡的罐子

给你一个塑料罐，你能让塑料罐自己上坡吗？听起来似乎不可能，那跟着下面的实验步骤试一试吧！

对应知识 动能；弹性势能；能量转化。

一、实验准备

⚠️ 建议家长协同完成，注意安全使用剪刀。

若干橡皮筋

1 把剪刀

1 根细棉线

1 个大螺母

4 根细铁丝
（每根长约 3 厘米）

1 个圆柱体塑料罐（含盖子）

二、实验过程 ||||

扫码观看夏老师的实验教学视频

1 用剪刀在塑料罐底部和盖子上各扎两个孔。

2 用细棉线将两条橡皮筋的中部固定在大螺母上。

3 打开盖子，将螺母放入塑料罐。

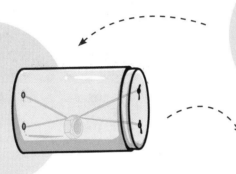

4 用细铁丝将橡皮筋的四端分别固定在塑料罐两端的孔上。

5 将塑料罐从斜坡上滚下去。

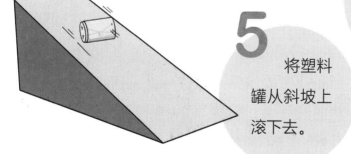

三、实验现象

　　用手将塑料罐从高处滚下，塑料罐沿着坡往下滚了一段距离后，又自己往回滚上坡了。

扫描前面的二维码也可以观看实验现象哦！

四、现象解释

这个实验运用了能量转换的原理。使用外力让塑料罐滚出去的时候，里面的橡皮筋会因为螺母的运动而拧起来，滚的距离越远，橡皮筋拧得越紧，积蓄的弹性势能越大；塑料罐滚到了坡的尽头后，在橡皮筋恢复原状的过程中，就会将释放的弹性势能转化为塑料罐的动能，于是塑料罐从橡皮筋那里获得了能量，就又自己滚上坡了。

知识小贴士

1. 动能：运动的物体所具有的能量，与物体的质量和速度有关。

2. 弹性势能：物体发生弹性形变而具有的能量。

物理百科

撑竿是怎样帮跳高运动员转换能量的

撑竿跳高运动员在起跳瞬间，使撑竿发生弹性形变，弹性势能增加，同时运动员自身速度减小、动能减小，自身的动能转化为了撑竿的弹性势能。在撑竿恢复原状的过程中，弹性势能转化为动能，同时运动员被举高，重力势能增加，从而越过横杆。

提出氢原子模型的玻尔

尼尔斯·亨利克·戴维·玻尔（简称玻尔），丹麦物理学家，1885 年出生于丹麦哥本哈根，主要贡献是通过引入量子化条件，提出了氢原子模型即玻尔模型。

玻尔在大学主修物理学，担任曼彻斯特大学物理学教师时，开始研究原子结构，通过研究光谱学资料，提出了原子结构的玻尔模型。

1920 年，年轻的玻尔第一次到德国柏林讲学，认识了爱因斯坦，从此开启了长达 35 年的友谊。两人亦敌亦友，在很多问题上都存在较大分歧，只要见面，就会辩论不停。但是，长期论战丝毫不影响他们深厚的情谊，他们一直互相关心、互相尊重。因为不少人对相对论持有偏见，直到 1922 年，爱因斯坦才接到通知被授予上年度的诺贝尔奖；同时，玻尔因研究原子的结构和原子的辐射取得了重大成果，也收到通知被授予本年度的诺贝尔奖。这两项决定破例同时发表。

第三课 拉线飞轮

你可以让啤酒瓶盖每分钟旋转上千圈吗？下面这个实验只需要一根棉线、一枚钉子和一把锤子就能让啤酒瓶盖高速旋转，一起来试一试吧！

夏老师

对应知识 动能；弹性势能；能量转化。

一、实验准备

1个啤酒瓶盖
或1枚大纽扣

1枚钉子

1根细棉线
（长约1.2米）

1把锤子

二、实验过程 ||||

扫码观看夏老师的实验教学视频

1 用锤子把啤酒瓶盖敲扁。

2 再用钉子和锤子在上面打两个孔，孔的大小控制在能让细棉线穿过的尺寸，两个孔的间距大约 2 毫米。

3 将细棉线穿过两孔，然后将线的两头打结，形成一个闭环。

4 双手拉开细棉线，并以画圈的方式甩动瓶盖，让细棉线缠绕在一起，然后双手往复拉紧两端细棉线。

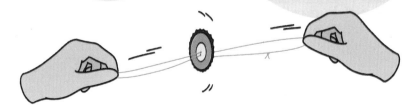

三、实验现象

随着双手拉动细棉线，瓶盖开始旋转起来。双手拉动得越快，瓶盖旋转得越快。

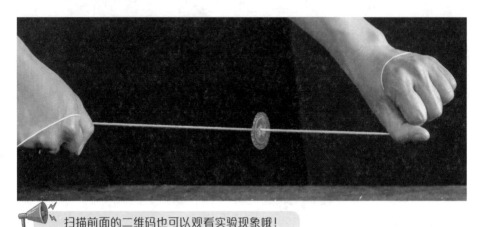

扫描前面的二维码也可以观看实验现象哦！

四、现象解释

拉紧缠绕的细棉线时，细棉线在恢复原状的过程中会释放积蓄的弹性势能，使瓶盖获得动能旋转起来。旋转到细棉线展开时，由于瓶盖具有惯性，会继续旋转，于是又让细棉线重新缠绕。随着双手的拉动，细棉线重复"拉紧—放松—拉紧"的过程，瓶盖也跟着往复地旋转。

知识小贴士

1. 动能：运动的物体所具有的能量，与物体的质量和速度有关。
2. 弹性势能：物体发生弹性形变而具有的能量。
3. 能量转化：不同能量之间可以相互转化，例如动能和弹性势能之间可以相互转化。

物理百科

冬天搓手为什么可以让手变热

冬天天气寒冷，如果双手暴露在外面会很冰冷，在这样的情况下人们常常用搓手来取暖，将两只手放在一起用力搓一搓就会有温暖的感觉。从物理学的角度来看，在搓手的过程中，手的机械能通过做功的方式转化成了手的内能，手的内能增加温度就会增加，于是手就变热了。

用实验说明量子力学不确定性的薛定谔

埃尔温·薛定谔（简称薛定谔），奥地利物理学家，量子力学奠基人之一，1887 年出生于奥地利首都维也纳，主要贡献是完整地构造起量子力学中的波动力学体系。

第一次世界大战爆发后，薛定谔成为一名炮兵军官，他总是利用闲暇时间研究物理学。1926 年，薛定谔通过类比光谱公式成功地发现了可以描述微观粒子运动状态的方法——薛定谔方程，这是量子力学的基本方程，它揭示了微观物理世界物质运动的基本规律。

1935 年，为了揭示量子力学的不完善和不确定性，薛定谔提出了一个关于量子理论的著名实验——薛定谔的猫，实验是这样的：一个封闭的盒子里面，有一只猫，有一瓶有毒的氰化物，还有

少量放射性物质；之后，有 50% 的概率放射性物质将会衰变并释放出毒气杀死这只猫，同时有 50% 的概率放射性物质不会衰变而猫将活下来；如果没有打开盒子进行观察，我们永远也不知道猫是死是活，它将永远处于既死又活的叠加态。1944 年，薛定谔写下《生命是什么》一书，引导人们用物理学、化学理论和方法去研究生命的本性，该书使薛定谔成为蓬勃发展的分子生物学先驱。

第四课 起飞吧，乒乓球

夏老师

大家都知道，当你在空中自由释放一个物体，它落地后的反弹高度是不会超过你的释放高度的，就好比在空中不用力地自由释放一个篮球，篮球反弹高度一定不会超过被释放时的高度。但下面这个实验却让人大跌眼镜，快试试看是怎么回事吧！

对应知识 能量；动能；能量转化；机械能。

一、实验准备

1个装有三分之一水的一次性纸杯

1个乒乓球

二、实验过程 ▐▌▌▌

扫码观看夏老师
的实验教学视频

1

平举手臂，将一个乒乓球自由释放，观察乒乓球反弹的高度。

2

将乒乓球放入装有三分之一水的一次性纸杯中。

3

再次平举手臂，将装有乒乓球和水的一次性纸杯自由释放。

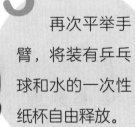

三、实验现象

乒乓球第一次被释放后反弹的高度比较低，大约只有一米左右。第二次连同装了水的纸杯一起被释放后，乒乓球反弹的高度竟然超过了两米，令人惊讶。

扫描前面的二维码也可以观看实验现象哦！

四、现象解释

从能量角度分析，水杯在撞击地面的一瞬间，乒乓球也与水发生碰撞，水的质量较大，它把部分动能传递给了乒乓球，所以质量较小的乒乓球碰撞后的动能更大了。根据机械能守恒定律，在反弹上升的过程中，乒乓球的动能转化为重力势能，因此放在水杯里的乒乓球上升的高度比单独释放后落地反弹的高度要高。

知识小贴士

1. 动能：运动的物体所具有的能量，与物体的质量和速度有关。
2. 能量转化：不同能量之间可以相互转化，例如动能和弹性势能之间可以相互转化。
3. 机械能守恒定律：在只有重力或弹力做功的物体系统内，物体系统的动能和势能发生相互转化，但机械能的总能量保持不变。

 物理百科

用气筒打气时，筒壁为什么会发热

用气筒打气时，筒壁为什么会发热？一是气筒活塞压缩筒内空气做功，机械能转化为内能，气体内能增加，温度升高，气体再将内能传递给筒壁使筒壁温度升高；二是气筒活塞与筒壁发生摩擦，也会通过做功的方式产生热量，使筒壁内能增加，温度升高。

中国物理学研究的"开山祖师"吴有训

吴有训，中国物理学家，1897 年出生于江西省高安市一个小村庄，主要贡献在于对 X 射线方面的研究，以及全面验证了康普顿效应，并发展了该理论。

　　慈祥而又严厉的母亲对吴有训一生影响很大。1921 年，吴有训以优异成绩考取美国芝加哥大学的公费留学生，后来又考取了年轻的物理学家康普顿的研究生，从事 X 射线问题的研究。

　　为了验证康普顿效应，吴有训做了上百次实验，记录了上百万字的实验笔记。当哈佛大学教授质疑实验结果时，他在核对了所有实验数据后，亲自前往哈佛大学，当场给大家演示了实验过程，精细的实验和准确的结果折服了众人。1925 年，吴有训在康普顿的指导下以"康普顿效应"为题完成了自己的博士论文，而康普顿则在 1927 年因为"康普顿效应"这项成就获得了诺贝尔物理学奖。1928 年，吴有训来到清华大学任教。在清华讲授第一堂物理实验课时，他要求学生用 2 厘米的短尺丈量 3 米的距离，他说："在科学实验中要重视每个细节，差之毫厘，失之千里。"

第五章

电磁

第一课 静电 "大蒲公英"

夏老师

在干燥的冬天，静电现象无处不在，比如我们脱衣服时的噼里啪啦声，梳头时头发有时会跟着梳子飘起来，手指尖碰到某些不带电的物体却会有强烈的触电感觉等。这些都是静电现象。

对应知识 摩擦起电；电荷间的相互作用。

一、实验准备

建议家长协同完成，注意安全使用刀具。

1 截 PVC 水管

1 把美工刀

1 个塑料袋

1 团羊毛

1 位家长或老师

二、实验过程 ▮▮▮▮

扫码观看夏老师的实验教学视频

1 家长用美工刀把塑料袋裁成等长的细塑料丝，并把一头扎紧。

2 将塑料丝放在桌上，用羊毛来回摩擦。

3 再用羊毛来回摩擦 PVC 水管。

4 将塑料丝抛向空中。

5 将 PVC 水管从下往上靠近塑料丝。

三、实验现象

塑料丝像一朵大蒲公英般展开，短暂悬浮在空中。

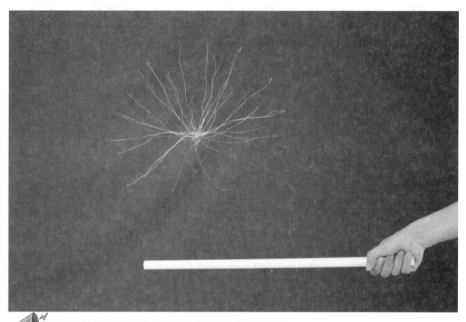

扫描前面的二维码也可以观看实验现象哦！

四、现象解释

羊毛摩擦塑料丝后塑料丝带负电，羊毛摩擦过 PVC 水管后 PVC 水管也带上负电，由于同种电荷相互排斥，塑料丝在 PVC 水管靠近时会展开像一朵大蒲公英；同时由于下方 PVC 水管的排斥力，这朵"大蒲公英"可以在空中短暂地悬浮。

知识小贴士

1. 用摩擦的方法使物体带电叫作摩擦起电。
2. 同种电荷相互排斥，异种电荷相互吸引。
3. 带静电的物体会吸引轻小物体。

物理百科

冬天脱毛衣时为什么有噼里啪啦的声音

这是一种静电现象。因为冬天比较干燥，穿的衣服比较厚重，衣物之间相互摩擦会产生静电；而脱毛衣时，衣服之间的摩擦会加重，电荷不能得到及时释放就会大量聚集在衣物表面，因此脱衣服时就会听到噼里啪啦的声音。

创立矩阵力学的海森堡

沃纳·卡尔·海森堡（简称海森堡），德国物理学家，量子力学的主要创始人，1901年出生于德国维尔茨堡，主要贡献是创建了矩阵力学。1920年，海森堡考入慕尼黑大学攻读物理学。1922年，海森堡去听物理学家玻尔的讲座，玻尔演讲了原子论和原子结构，这令他很着迷。每次听完讲座，海森堡都要反复琢磨那些新见解。在一次玻尔演讲结束后，海森堡站起来，对某一个见解提出了不同的看法，这让玻尔刮目相看，还邀请海森堡一起去散步讨论问题。1923年，海森堡博士毕业后，玻尔邀请他到哥廷根大学当助教。从此，海森堡开始了卓有成效的学术研究工作。

1927年，海森堡到莱比锡大学担任理论物理学教授，提出了深具影响力的"不确定性原理"，奠定了从物理学上解释量子力学的基础。由于对量子理论的新贡献，海森堡获得了1932年度诺贝尔物理学奖。1941年，海森堡被聘任为柏林大学物理学教授，成为德国研制原子弹核武器的领导人。

第二课 "地狱火"
——电流的热效应

夏老师

电流流过导体时会发热。在生活中，电路过热是很危险的，电流产生的高温可能引发火灾，这也是短路的危害之一。下面我们通过一个小实验来感受电流的热效应。

对应知识 短路；电流的热效应。

一、实验准备

⚠️ 请由家长协同完成，注意实验安全。

1 节 9V 电池

1 个钢丝棉

1 个烧杯

二、实验过程 ||||

扫码观看夏老师
的实验教学视频

1 将钢丝棉放入烧杯中。

2 将电池的正负极接触钢丝棉。

三、实验现象

经过短暂的时间之后，钢丝棉开始发红，并逐渐燃烧。

扫描前面的二维码也可以观看实验现象哦！

四、现象解释

电池正负极接触钢丝棉后，钢丝棉和电池形成回路。电流流过钢丝棉会产生大量的热，使得钢丝棉温度迅速升高；温度在极短时间内就可以达到钢丝棉的燃点，从而引燃钢丝棉。

知识小贴士

1. 电流的热效应：电流通过导体会产生热量，电流越大，产生的热量越多。

2. 短路：电路或电路中的一部分被短接。比如直接用导线将电源正负极连接起来，电路中会有很大的电流，可能把电源烧坏。

物理百科

电鳗是如何发电的

电鳗是放电能力最强的淡水鱼类，有"水中高压线"之称。电鳗的放电能力来自它体内特殊的可放电细胞。这样的放电细胞占其身长的 80% 以上。这些细胞就像一颗颗电池，每颗可制造约 0.15 伏特的电压。当产生电流时，这些"电池"都串联起来，在电鳗的头和尾之间产生很高的电压，最高电压甚至可以达到 800 伏特，足以电死一头牛！但这种高电压只能维持非常短暂的时间，而且电鳗的放电能力会因自身身体疲劳或衰老而减退。

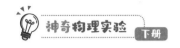

"中国航天之父"钱学森

钱学森，中国物理学家，中国航天事业奠基人，1911 年出生于上海，1935 年赴美国留学，先后获航空工程硕士学位和航空、数学博士学位。

钱学森在美国时始终心系祖国，学有所成的他有一个强烈愿望：要回到祖国为国家建设服务。但是他遭到了美国政府的百般阻挠。1950 年夏天，钱学森向加州理工学院提出回国探亲，可在他临行前，却被美国海关非法扣留，被扣留的包括钱学森夫妇和十几名留美的中国学生以及 800 千克重的书籍。1950 年 9 月，警察闯进了钱学森的家里将他逮捕，为了让他放弃回国的念头，还对他进行了长达 15 天的折磨。1955 年，钱学森已遭受无端软禁、无理羁留长达五年之久。这一年，钱学森夫妇经过精心准备，摆脱美方情报人员，将一封"家书"辗转寄给了时任全国人大常委会副委员长的陈叔通。1955 年，在周恩来总理的争取下，中国以朝鲜战场上俘获的多名美军飞行员交换回钱学森。

钱学森是中国近代力学和系统工程理论与应用研究的奠基人、倡导人。1956 年，钱学森受命负责组建我国第一个火箭、导弹研究机构。1960 年，钱学森指导设计的中国第一枚液体探空火箭发射成功。1970 年，钱学森牵头组织研制的中国第一颗人造地球卫星发射成功。

第三课 用意念点灯

夏老师

生活中我们开灯、关灯，一般是通过相应的开关，但这种方式太普通了。下面这个实验可以让你体验用意念来点灯。听起来是不是很魔幻？快试试吧！

对应知识 电场。

一、实验准备

1个辉光球

1个方形纸盒

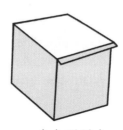
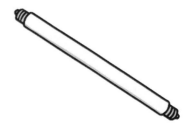
1根长荧光灯管

二、实验过程 ||||

扫码观看夏老师的实验教学视频

1 开启辉光球。

2 用纸盒罩住辉光球。

3 把灯管靠近辉光球，一只手捏住灯管远离辉光球的一端。

4 另外一只手握住灯管中间，并在灯管上来回移动，观察现象。

三、实验现象 🧲

　　灯管虽然没有连接电源，但靠近辉光球后就发光了。用另一只手握住灯管中间时，两手之间的灯管不再发光，而靠近辉光球一端的灯管还在继续发光；当手在灯管上来回移动时，灯管亮起部分的长度也随之改变。

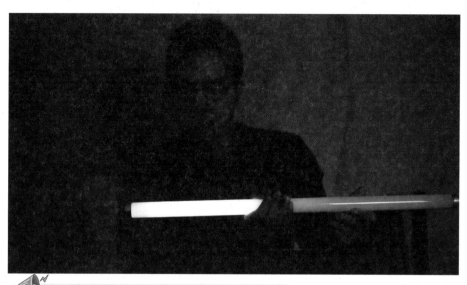

扫描前面的二维码也可以观看实验现象哦！

四、现象解释

　　荧光灯管靠近辉光球时，辉光球周围的电场让灯管中的气体分子电离导电，从而让灯发光。当另一只手握住灯管中间时，人体连接地面，两手间电压相同，无电荷的流动，因此两手之间的灯管几乎不发光；当握住灯管中间的手移动时，发光的部分也跟着移动。

知识小贴士

1. 辉光球工作原理：辉光球内部充有稀薄的惰性气体，球中央有一个黑色球状电极，底部有一块振荡电路板；通电后，振荡电路产生高频电压电场，球内稀薄气体受到高频电场的电离作用而产生辐射状的辉光。

2. 日光灯发光原理：灯管内充有低气压的汞蒸气和少量的惰性气体，灯管的内表面涂有荧光粉层；通电后，灯管内的气体分子被电离，发出紫外光，与管壁的荧光物质碰撞而发出可见光。

 物理百科

霓虹灯是怎样被发明出来的

　　霓虹灯是城市的美容师，每当夜幕降临，华灯初上，闪烁夺目的霓虹灯就把城市装扮得格外美丽。据说，霓虹灯是英国化学家拉姆赛在一次实验中偶然发现的。那是 1898 年 6 月的一个夜晚，拉姆赛正在实验室里进行实验，他想检查一种稀有气体是否能导电，于是把一种稀有气体注射在真空玻璃管里，然后把封闭在真空玻璃管中的两个金属电极连接在高压电源上。这时，一个意外的现象发生了：注入真空管的稀有气体不但开始导电，而且还发出了极其美丽的红光。这种神奇的红光使拉姆赛惊喜不已。拉姆赛把这种能够导电并且发出红色光的稀有气体命名为氖气。后来这类给气体通电发光的灯被称为氖灯，音译就是霓虹灯。

"中国原子弹之父"钱三强

　　钱三强，中国物理学家，中国原子能科学事业的创始人，1913 年出生于浙江绍兴一个诗书世家，1936 年毕业于清华大学物理系。1937 年，钱三强在严济慈的推荐下走进了法国巴黎大学镭学研究所居里实验室，攻读博士学位。在这期间，钱三强和清华同窗何泽慧结为夫妻，一同在居里实验室工作，并发现了原子核三分裂、四分裂现象，引起了原子核物理学界的高度关注，他们也因此被誉为"中国的居里夫妇"。

回国后，钱三强便全身心地投入了中国原子能科学事业的开创，他不仅为原子弹的研制做出了杰出贡献，也为中国原子能科学事业的发展废寝忘食，他像当年约里奥—居里夫妇培养自己那样，倾注全部心血培养中国原子能科技人才队伍。

第四课 自制牛奶冰沙

夏老师

　　牛奶冰沙是很多人夏天的最爱，但是外面卖的牛奶冰沙太贵了，而且不一定卫生，那如何获得一杯经济实惠又好吃的牛奶冰沙呢？答案是：自己做！可是没有专业设备怎么办？没关系，跟着夏老师一起，一起做一杯牛奶冰沙！

对应知识 微波；电磁波。

一、实验准备

1盒牛奶　　　　　1个盘子　　　　　1个勺子　　　　　微波炉　　　　　冰箱

二、实验过程 ||||

扫码观看夏老师的实验教学视频

1 将牛奶放入冰箱冷冻室冷冻。

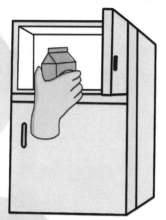

2 待牛奶完全冻硬了以后取出。

3 将外包装去掉，把牛奶冰砖放入盘中，再放入微波炉内加热30~60秒。

4 取出盘子，就可以开始享用牛奶冰沙了。

三、实验现象

牛奶从微波炉内取出后，入口即化的牛奶冰沙就诞生了。

扫描前面的二维码也可以观看实验现象哦！

四、现象解释

微波炉产生的微波会对牛奶中的水分子产生作用，使得牛奶中的水分部分汽化，让固体牛奶砖变得蓬松。

知识小贴士

1. 无线电波、微波、红外线、可见光、紫外线和X射线都属于电磁波。

2. 微波频率比一般的无线电波频率高，通常也称为"超高频电磁波"。

3. 微波炉原理：微波炉本身并不产生热，当微波辐射到食品上时，在电场作用下，食品本身含有的水分子会快速运动，产生了类似摩擦的作用，使水温升高，因此，食品的温度也就上升了。用微波加热的食品，因其内部也同时被加热，整个物体受热均匀，所以升温速度快。

微波炉内为什么不能放置金属餐具

微波炉产生的微波无法穿透金属物体，所以隔着金属餐具无法加热食物。同时微波碰到金属物体后还容易产生电火花，并反射微波，严重的话还有可能损坏微波炉，甚至引发起火、爆炸事故，所以千万不要将金属餐具放进微波炉中哦！

参与研制美国原子弹的费曼

理查德·菲利普斯·费曼（简称费曼），美国物理学家，1918 年出生于美国纽约一个犹太裔家庭，因在量子电动力学方面的成就而获得诺贝尔物理学奖。

1942 年，24 岁的费曼加入美国原子弹研究项目小组，参与研制原子弹的秘密项目"曼哈顿计划"。1945 年，美国制造的世界上第一颗原子弹在美国新墨西哥州的一片沙漠地带爆炸。费曼在写给母亲的信中，描述了他在爆炸现场看到的景象："一道可怕的银白色的强光晃了我的眼睛，无论看哪儿，视野里都有紫色的斑点出现，我的理智告诉我这是看过强光后产生的残留影像，并非看到了爆炸。转回头看到，原子弹所在的地方，一个明亮的橙色大火球开始上升……"

　　费曼也关心教育。1949—1952 年，他在巴西进行了断断续续的十个月时间的教学，这段经历促使费曼深入地思考物理教学的目的、实质和方法。他主张在物理学习和研究中要大胆探索和创新，物理教学则要注重理论联系实际。1961—1963 年，费曼在加州理工学院讲授物理学课程，他的课堂生动有趣、笑声不断、座无虚席。他的课堂讲义被记录下来，并被整理成了著名的《费曼物理学讲义》，指引了千千万万物理学习者进入物理殿堂。

第五课 抗磁的圣女果

夏老师

我们都知道吸铁石对铁有吸引力，同时还有"同极相斥，异极相吸"的特点。但也有人说吸铁石对水果会有排斥力。吸铁石和水果？八竿子打不着的两个东西之间会存在排斥力吗？做完下面的实验你或许会有新的发现。

对应知识 安培力；电磁感应。

一、实验准备

1个铁架台　　若干圆形钕磁铁

1根细棉线

若干圣女果

1根长竹签

二、实验过程 ▯▯▯▯

扫码观看夏老师
的实验教学视频

1 将竹签两端分别插进一颗圣女果。

2 将竹签中部用细棉线悬挂在铁架台上，并使两端圣女果平衡。

3 用钕磁铁靠近其中一侧的圣女果。

4 再用钕磁铁靠近另一侧的圣女果。

三、实验现象

用钕磁铁靠近一侧圣女果，圣女果会往钕磁铁的反方向移动；靠近另一侧圣女果，另一侧圣女果也发生了类似的排斥现象。

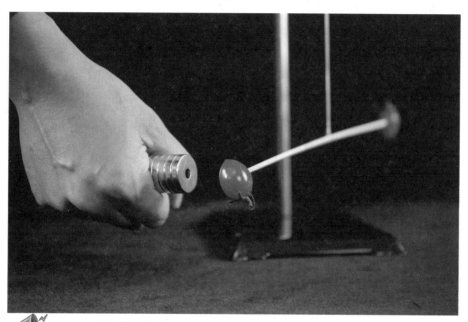

扫描前面的二维码也可以观看实验现象哦！

四、现象解释

当强磁铁靠近水果时，在强磁场的作用下，水果会表现出抗磁性，产生排斥力抗拒磁铁的靠近，于是就产生了隔空推水果的效果。

知识小贴士

抗磁性：一切物质都具有抗磁性，只是强弱不同。

物理百科

手机里的"指南针"是如何工作的

我们都知道指南针可以指南北，那智能手机具有的"指南针"功能是不是在手机里面装了小磁针呢？其实手机中内置的指南针，是一种磁传感器，可以测量地磁场的方向，进而为我们指示地理南北极。不过，手机里的指南针虽然方便，却也有缺点，它容易受到周围磁场环境的影响。比如，有时你使用手机中的"指南针"功能，会发现指针不停地旋转，手机会提示你进行校正。这就是因为手机周围的磁场环境过于复杂而使它出现紊乱了，必须要进行手动校正。校正原理就是通过其他传感器捕捉手机运动，同时记录各方向的磁场数据。具体操作非常简单，我们只需要挥动几下手机，就可以解决校正问题了。

物理学"对称之王"杨振宁

杨振宁，中国科学院院士，中国物理学家，1922 年出生于安徽合肥一个知识分子家庭，在粒子物理学、统计力学和凝聚态物理等领域做出了里程碑性的贡献。

杨振宁的父亲是美国芝加哥大学博士，先后受聘于厦门大学和清华大学，对杨振宁的学术发展影响颇大。1944 年，杨振宁获清华大学硕士学位；1945 年，杨振宁赴美国芝加哥大学攻读博

士，导师是著名的物理学家费米，力学老师是当时还不到 40 岁、后来成为"氢弹之父"的泰勒教授。

20 世纪 50 年代，杨振宁与米尔斯提出了杨-米尔斯理论，与巴克斯特创立了杨-巴克斯特方程。1956 年，杨振宁又与李政道合作提出宇称不守恒定律，他们两个人是最早获得诺贝尔奖的华人。对称性是物理学之美的一个重要体现，是 20 世纪理论物理的主旋律之一，杨振宁擅长用对称性分析粒子物理并很快得到结果，因而被称为"对称之王"。

第六课 人体电路

电为我们的生活带来了许多便利，生活中我们处处都离不开电。但触电却是十分危险的行为，轻则受伤，重则有生命危险，所以父母和老师经常叮嘱我们在生活中要小心用电。下面这个实验将带你在安全可控的情况下，体验触电的感觉！拿出你的胆量，带上父母试一试吧！

夏老师

对应知识 导体；电磁感应。

一、实验准备

⚠ 需要由家长完成前三个步骤；注意安全使用剪刀。

1个小型吊扇

1把剪刀

若干小伙伴（2~20人）

1位家长或老师

二、实验过程 ||||

扫码观看夏老师
的实验教学视频

1 把小型
吊扇的扇叶
取下。

2 用剪刀
把吊扇的插
头剪掉。

3 再用剪刀小心
地把吊扇电线的绝
缘层刮去,让两根
铜线暴露出来。

4 两个小伙伴分别
用手捏住两根铜线末
端,其他小伙伴手拉
手跟这两个小伙伴连
成一个圈。

5 家长用
手快速旋转
吊扇。

三、实验现象

在旋转吊扇的一瞬间，所有人都会被电流流过，同时有一种短暂而强烈的触电感！

扫描前面的二维码也可以观看实验现象哦！

四、现象解释

电扇内部是一个电动机，电动机通电会旋转。当用外力让电动机旋转时，电动机内部导体切割磁感线产生电流，就会变成发电机。用力旋转吊扇，所有手拉手的小伙伴和吊扇组成一个电路，吊扇产生的电流就会流过所有人，所有人都将感受到强烈的触电感。

知识小贴士

1. 容易导电的物体称为导体，人体属于导体。
2. 发电机原理：利用了电磁感应现象，即闭合电路中，部分导体在磁场中做切割磁感线运动时，导体中能产生感应电流。

物理百科

手机无线充电的工作原理是什么

手机无线充电是一种新的充电方式，这种充电方式不需要数据线连接手机和充电器，而是需要在手机和充电平台里各安装一个线圈，通电时充电平台里的线圈会产生交变电流，手机靠近后手机里的线圈发生电磁感应，也产生一个交变电流，再通过装置转为直流电以完成手机的充电。这种充电方式所要求的电路结构比较简单，成本也不高。但这种方式也有缺点，那就是传输的距离过短，如果手机摆放的位置不对，就很有可能充不上电，或者充电速度特别缓慢。

神秘消失 28 年的邓稼先

邓稼先，中国物理学家，中国核武器理论研究工作的奠基者、开拓者之一，1924 年出生于安徽怀宁一个书香门第。1941 年，邓稼先考入西南联合大学物理系，后奔赴美国普渡大学留学，仅用一年多时间就完成了学业，26 岁就获得了博士学位。

1958 年，邓稼先被秘密任命为中国研制原子弹的理论设计负责人。原子弹研制基地远在荒漠戈壁，邓稼先隐姓埋名 28 年，亲身经历核试验 32 次，亲自指挥 15 次。那时候，中国还非常落后，刚开始研制原子弹，研究人员是用纸、笔、算盘、算尺和手摇

计算器来处理大量数据的，有时候演算一个数据就要耗时一个多月甚至一年多。在实验中，邓稼先总是身先士卒、不顾生命安危，第一时间上前仔细观察分析。他对助手们说："你们还年轻！你们不能去！"邓稼先始终在中国原子武器设计制造和研究的第一线，领导许多学者和技术人员成功设计出了中国的原子弹和氢弹，为中国核科学事业做出了伟大贡献，被称为"两弹元勋"。

第七课 电磁小火车

靠磁力驱动的磁悬浮列车是世界上速度最快的列车，下面这个实验的原理跟磁悬浮列车有些相似，也需要利用到磁场。快跟着实验步骤，动手做一个自己的电池小火车吧。

对应知识 电动机原理。

一、实验准备

1节7号电池

6颗圆形钕磁铁

1段铜线管
（没有绝缘层，不带漆包的铜线）

二、实验过程 ▥▥

扫码观看夏老师
的实验教学视频

1
把 6 颗钕磁
铁分成 2 份，每
份各 3 颗。

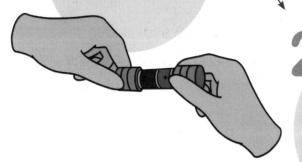

2
把电池夹在互
相排斥的钕磁铁两
极中间（即同极钕
磁铁中间）。

3
把电池和
钕磁铁整体放
入铜线管内。

三、实验现象

电池和钕磁铁被完整放入铜线管后，马上就开始往前"奔跑"；如果把铜线管围成一个圈，电池和钕磁铁可以在里面一圈一圈循环运动，像一列小火车向前行进。

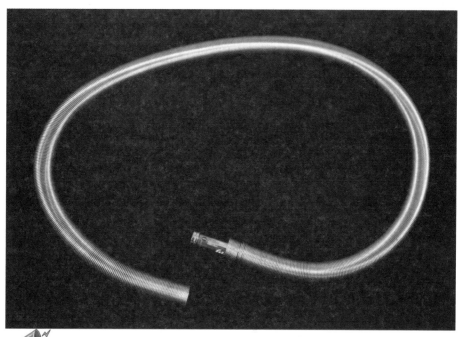

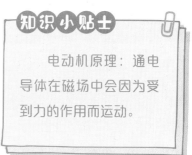
扫描前面的二维码也可以观看实验现象哦！

四、现象解释

电池和钕磁铁在铜线管中时，两头的钕磁铁与铜线接触，在局部形成一个闭合电路，使铜线管产生的磁场与钕磁铁相互作用，提供了电池前进需要的动力。

知识小贴士

电动机原理：通电导体在磁场中会因为受到力的作用而运动。

物理百科

触电时人为何会被电"吸"住

统计发现，在触电导致身亡的人中，绝大多数都是手心部位触电。当手心触电时，手会因肌肉收缩紧绷而弯曲，而弯曲的方向恰好使手不自觉地握住了导线。而且电流会使人体麻木，触电时间越久，手抽回来的可能性就越小。因此，所谓的"吸住"并不是被动的，而是我们触电后的手不可控地自主握紧了电源。

用纸笔描绘出核弹模样的周光召

周光召，中国科学院院士，中国物理学家，是赝矢量流部分守恒定理的奠基人之一，1929年出生于湖南长沙。1947年，他以优异的成绩进入清华大学物理系，毕业后主要从事高能物理方面的研究工作。周光召在学术上取得了很大成就，率先在国际上提出粒子的螺旋态振幅，并建立了相应的数学方法。

1961年，周光召受到祖国召唤，从莫斯科启程回国，从此开始了十多年隐姓埋名研制"两弹一星"的生涯。1964年，中国第一颗原子弹爆炸试验前夜，他接到一项紧急任务：上级让他估算一下中国首颗原子弹爆炸成功的概率是多少。周光召所在的理论小组连夜计算，确认爆炸成功的概率超过99%，除不可控因素外，原子弹的引爆不会出现任何问题。这无疑为准时起爆中国第一颗原子弹送上了一颗重要的"定心丸"。

第八课 自制精简电风扇

夏老师

　　电风扇是生活中常见的电器，能在炎炎夏日为我们带来凉意。下面这个实验将带你制作一个精简的小电风扇！

对应知识 安培力；电动机原理。

一、实验准备

⚠ 建议家长协同完成，注意安全使用剪刀。

若干圆形钕磁铁

1根导线

1卷双面胶

1把剪刀

1节5号电池

1枚铁钉

1个牙膏盒

二、实验过程 ||||

扫码观看夏老师的实验教学视频

1 用剪刀将牙膏盒剪出两个长条。

2 用双面胶把两个长条粘在一起，形成一个十字架的形状。

4 将铁钉的钉帽端吸附在钕磁铁上。

3 利用双面胶把 3 颗钕磁铁重叠粘在十字架中心。

6 然后将钉尖吸附在电池负极。

7 用导线连接电池的正极和下方的钕磁铁。

5 将电池拿在空中，正极朝上，负极朝下。

三、实验现象

导线连接好后，十字架自己旋转了起来，一个精简的电风扇就做好了。

扫描前面的二维码也可以观看实验现象哦！

四、现象解释

导线连接好后，形成回路，电路中有电流通过。由于下端有钕磁铁，钕磁铁周围存在磁场，于是在安培力的作用下，风扇转了起来。

知识小贴士

安培力：通电导线在磁场中受到的作用力。

物理百科

电动汽车的电动机好在哪

电动汽车的动力源自电动机，燃油车的动力源自发动机，而电动机和发动机的结构是不同的，这也导致了它们所带来的表现也不一样。电动机的结构设计简单，利用的是电和磁所产生的动力，能量转化效率可以超过 90%，这可以让汽车在起步阶段获得更强的提速性能。发动机的结构比较复杂，能量转化效率比较低，一般在 20%～45% 之间，所以在加速上的表现，发动机要逊色很多。

但是电动汽车也有缺点，电动汽车的电能主要由汽车上的电池提供，在寒冷的冬天，电池性能会受到一定程度的影响，续航能力明显不如夏天。总体来说，目前燃油车的续航能力更具优势。

"宇宙之王" 霍金

斯蒂芬·威廉·霍金（简称霍金），英国物理学家、宇宙学家，1942 年出生于英国牛津，证明了广义相对论的奇性定理和黑洞面积定理，提出了黑洞蒸发理论和无边界宇宙模型。

霍金 17 岁进入牛津大学攻读自然科学，随后转到剑桥大学研究宇宙学。21 岁时，霍金不幸患上肌肉萎缩性侧索硬化症。到后来，他只剩下三根手指和两只眼睛可以活动，疾病使他的身体严重变形。医生曾诊断身患绝症的他只能活两年，可他一直顽强地活到了 76 岁。

　　1973 年，霍金正式向世界宣布，黑洞不断地辐射出 X 射线、γ 射线等，这就是有名的"霍金辐射"。而在此之前，人们认为黑洞只吞不吐。霍金的主要研究领域是宇宙论和黑洞，从宇宙大爆炸的奇点到黑洞辐射机制，霍金对量子宇宙论的发展做出了杰出的贡献。

　　很多人好奇霍金为什么没有获得诺贝尔奖，因为诺贝尔奖只授予那些得到验证的理论以及相关的实验，但霍金只是提出了开创性的理论，人类或许在很长一段时间内都很难去验证它。